애자일 마스터

AGILE SAMURAI

The Agile Samurai

by Jonathan Rasmusson

애자일 마스터

초판 1쇄 발행 2012년 2월 22일 **4쇄 발행** 2021년 3월 1일 **지은이** 조너선 라스무슨 **옮긴이** 최보나 **펴낸이** 한기성 **펴낸곳** 인사이트 **제작·관리** 신승준, 박미경 **용지** 월드페이퍼 **출력·인쇄** 현문인쇄 **제본** 자현제책 **등록번호** 제2002-000049호 **등록일자** 2002년 2월 19일 **주소** 서울시 마포구 연남로5길 19-5 **전화** 02-322-5143 **팩스** 02-3143-5579 **블로그** http://blog.insightbook.co.kr **이메일** insight@insightbook.co.kr **ISBN** 978-89-6626-023-2 책값은 뒤표지에 있습니다. 잘못 만들어진 책은 바꾸어 드립니다. 이 책의 정오표는 http://blog.insightbook.co.kr에서 확인하실 수 있습니다. 이 도서의 국립중앙도서관 출판예정도서목록(CIP)은 서지정보 유통지원시스템 홈페이지(http://seoji.nl.go.kr)와 국가자료종합목록 구축시스템(http://kolis-net.nl.go.kr)에서 이용하실 수 있습니다. (CIP 제어번호: CIP2012000632)

애자일 마스터
AGILE SAMURAI

조너선 라스무슨 지음 | 최보나 옮김

인사이트

목차

옮긴이의 글

이 책을 처음 접했을 때, 참 참신하다는 생각이 들었다. 애자일에 사무라이라는 소재(원서의 제목은 『Agile Samurai』)가 참 어울리지 않는 것 같으면서도, 왠지 모를 호기심을 자극했다. 책을 읽으면서는 방법론에 관한 책을 읽는 내가 가끔씩 미소를 짓거나, 공감에 고개를 끄덕이고 있는 걸 발견하면서 참 괜찮은 책이라고 생각했다. 개인적으로 가장 마음에 들었던 것은 '프로젝트 인셉션'과 '비즈니스 애널리스트'에 관한 역할과 책임에 대한 이야기를 한 부분이다.

프로젝트 인셉션은 실제로 쏘트웍스ThoughtWorks에서 프로젝트 초기에 어떤 형태로든 거치는 작업이었는데, 실제로 많은 사람에게 제대로 소개된 적이 없거나 생소할 수 있다는 걸, 이 책을 읽고 여러분들과 이야기를 하며 깨달았다. 또한 '비즈니스 애널리스트(BA)'에 대한 소개가 나와있는 부분이 있다는 게 개인적으로 참 좋았다. 그간 BA로 일했지만, 한국에서 새로운 분들을 만났을 때 과연 그게 어떤 일을 하는 직업인지 궁금해 하시는 분들에게 뭔가 만족스럽게 설명하지 못했기 때문이다. '차암~ 좋은데… 설명할 길이 없네~'했던 차에, 손에 안 닿아 간지러운 부분을 시원하게 긁어주는 기분이랄까.

한국에서 애자일 커뮤니티 활동을 하는 동안 점점 더 많은 사람들이 애자일이 무엇인가에 대한 기초적이고 원론적인 질문을 뛰어넘어, 애자일 실천법을 어떻게 우리 팀에 적용할까, 이건 잘 맞지 않던데 어떻게 하나, 다른 사람들은 어떻게 애자일을 사용하고 있을까 등, 더 구체적이고 경험적인 부분에 대해 궁금해 하신다는 걸 알게 되었다. 애자일에 대해 고민하고 나름 실천하고 있다고 생각하는 분들이 많이 모였음에도 불구하고, 생각보다 시원하게 그런 사례를 듣거나 찾기가 쉽지 않았다. 그래서 이 책이 그런 목마름을 조금이라도 해결해 줄 수 있었으면 좋겠다는 게 개인적인 바람이다.

번역을 시작했을 때 나는 참 의기양양했다. 이 책의 내용이나 어투가 비슷한 종류의 다른 책들에 비해 쉽고 재미있다는 생각에, 번역 작업이 '누워서 떡먹기'처럼 쉬울 거라고 생각했다. 헌데, 왠걸. 제목을 정하는 작업조차 만만치 않더라. 게다가 내가 원문을 읽으며 가장 즐겼던 요소들 - 저자의 농담 섞인 말투나 다양한 예 등 - 을 번역하는 작업은 생각처럼 쉽지 않았다. 아무래도 한국(인)의 문화와 정서에 맞아야 내용이 재미도 있고, 다양한 예가 진정 의미하는 바를 독자들이 쉽게 인지할 수 있었기 때문이다. 그래서 본래 저자의 의도나 느낌을 잃지 않으려 많이 노력했다. 그러니 여러분이 쉽고 재미있게 이 책을 읽을 수 있길 바란다.

순진할 정도로 의기양양했던 내게 너무나 많은 도움을 주셨던 인사이트 한기성 사장님, 지루할 것만 같던 책의 리뷰 과정을 너무나 즐겁게 해주셨던 박민수, 박성철, 송홍진 그리고 유영호님께 감사하다는 말씀을 드리고 싶다.

또한 이 책이 가장 읽기 힘든 상태로 번역되었을 때 최초의 피드백을 주신 내 인생 최고의 멘토 울 아빠, 누구보다 강력한 내 인생의 후원자 울 엄마, 그리고 너무나 배울 게 많은 선생님 동생… 모두 너무너무 사랑해용~ 하트 뿅뿅~

2011.12.2

최보나

만나서 반갑습니다,
독자 여러분

애자일은 비록 컴퓨터가 코드를 실행하는 존재라 하더라도, 이를 창조하고 유지해야 하는 존재는 사람이라는 사실을 상기시켜주는 소프트웨어 개발 방법이다.

애자일은 가볍고 빠르게, 게다가 실용적으로 소프트웨어를 출시^{software delivery}하기 위해 필요한 프레임워크, 태도 그리고 접근법이라 할 수 있다. 애자일 자체가 만능해결사는 아니지만, 애자일은 여러분 팀의 능력을 최대한 끌어내어 프로젝트가 성공할 기회를 현저하게 높여줄 것이다.

이 책에서 나는 여러분이 어떻게 자신의 애자일 프로젝트를 낱낱이 파헤치는지 알려 줄 것이다. 여러분의 프로젝트는 정해진 예산 안에서 제때에 개발될 뿐 아니라, 고객은 여러분이 만든 소프트웨어를 기분 좋게 사용하고 여러분과 함께 일하면서 자신들이 개발 프로세스 안에 포함된다는 사실을 즐겁게 생각할 것이다.

이 책에서 여러분은 다음과 같은 것을 배울 것이다.

- 어떻게 프로젝트를 성공적으로 준비해서 시작할 것인가. 이를 통해, 누구나 이 프로젝트가 무엇인지, 무엇을 위한 것이지 혼란스러워하지 않고 분명히 알게 될 것이다.
- 어떻게 요구사항과 추정치를 수집하고, 투명하고 정직하게 프로젝트를 계획할 것인가.
- 어떻게 실행으로 옮길 것인가. 여러분의 애자일 프로젝트가 지속적으로 최고 품질의 코드를 생산하고 언제나 출시할 준비가 되려면 어떻게 해야 하는지 배우게 될 것이다.

당신이 프로젝트의 리더라면, 이 책은 당신이 애자일 프로젝트를 시작할 때부터 끝날 때까지 팀의 환경을 어떻게 구성하는지, 팀원을 이끌어가는 데 필요한 도구들은 무엇인지에 대해 소개해 줄 것이다. 만약 당신이 애널리스트, 개발자, 테스터, UX 디자이너 혹은 프로젝트 매니저라면, 이 책은 가치 있는 애자일 팀원이 되기 위해 당신에게 필요한 통찰력과 토대가 되는 것이 무엇인지 배울 수 있을 것이다.

이 책을 읽는 방법

원한다면 이 책을 차례대로 읽지 않고, 언제든지 읽고 싶은 부분으로 건너뛰어도 된다. 하지만 처음부터 모든 것을 하나하나 어떻게 준비하는지 알고 싶다면, 처음부터 끝까지 순서대로 읽으라고 권하고 싶다.

1부는 애자일에 대한 대략적인 개요와 애자일 팀이 어떻게 일하는지에 대해 설명한다.

2부는 여러분의 팀이 가진 기대를 채워줄 최고의 무기인, '인셉션 덱'을 소개한다.

3부는 사용자 스토리와 추정치를 어디서 얻는지, 그리고 첫 애자일 프로젝트 팀의 계획은 어떻게 세우는지에 대해 설명한다.

4부는 실행에 대한 이야기다. 여러분이 세운 계획을 고객이 사용할 수 있는 소프트웨어로 만들기 위해서 무엇을 해야 하는지 배우게 될 것이다.

마지막으로 5부에서는 소프트웨어의 품질을 높이고 유지비를 낮추기 위해 필요한 몇 가지 중요한 애자일 실천법에 대해 이야기하고 마무리 할 것이다.

재미를 위한 요소

책을 읽는 재미를 더하기 위해 일부러 이곳저곳에 재미있는 요소를 넣었는데, 이를 너무 심각하게 받아들이지는 않길 바란다. 이런 접근방법은 사실 조금 유머스럽게 받아들이다면 훨씬 도움이 될 것이다

나는 이 책에 많은 사진, 이야기, 그리고 일화를 인용하여 애자일 프로젝트에서 일하는 건 어떤 것인지 보여주려 했다.

'경험담war story'은 실제로 나와 동료들이 애자일 프로젝트를 실행하면서 겪었던 성공담(혹은 실패담)을 나누고 있다.

'직접 시도해보기'는 단순히 남의 이야기를 읽는 것에서 끝나는 것이 아니라 여러분이 직접 고민하고 행동으로 옮기도록 하기 위해 마련된 실습코너다.

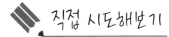

'마스터 선생' - 그는 경험 많고 지혜로운 애자일 마스터로서 애자일 소프트웨어 출시에 관한 모든 것을 알고 있는 전설적인 인물이다.

마스터 선생과
열정적인 전사

그는 이 책을 통해 여러분이 경험할 애자일 여행의 가이드이자 정신적인 멘토가 되어줄 것이다. 또한 중간 중간 중요한 애자일의 원칙을 시원스레 콕 짚어 설명해 줄 것이다. 예를 들어:

애자일 원칙
작동하는 소프트웨어를 몇 주 혹은 몇 달마다 고객에게 전달하라.
주기는 짧을수록 좋다.

그는 애자일 실천법을 적용하는 방법에 대한 깊은 통찰력을 공유하고, 여러분의 훌륭한 길잡이가 되어 줄 것이다.

온라인 자료

이 책과 관련된 정보는 http://pragprog.com/titles/jtrap 웹사이트에서 찾아볼 수 있다. 여러분은 이 사이트에서 이 책에 대한 더 많은 정보를 얻고, 더 활발하게 소통할 수 있을 것이다.

• 포럼에 참여함으로써 나뿐만 아니라 다른 독자, 애자일에 많은 관심 있는 사람과 토론할 수 있다.
• 책의 내용에 대한 건의를 하거나 오타를 신고함으로써 이 책의 품질을 향상시키는데 기여할 수 있다.

자, 그럼 시작해보자.

Part. I

애자일
소개하기

1장

애자일의 핵심

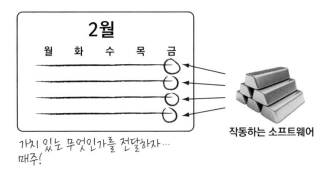

2월

월 화 수 목 금

작동하는 소프트웨어

가치 있는 무엇인가를 전달하자…
매주!

매주 꼬박꼬박 가치를 전달하기 위해선 어떻게 해야 할까?

이 장에서 우리는 이 질문에 대한 답을 찾고자 한다. 고객의 눈으로 바라보는 소프트웨어 개발이란 어떤 것인지 이해함으로써 그동안 우리가 고객에게 서비스를 제공하기 위해 통상적으로 해오던 것들이 얼마나 쓸모없는지 깨닫게 될 것이다. 정말 중요한 것은 제대로 작동하는 소프트웨어를 정기적으로 고객에게 전달하는 것임을 우리가 얼마나 자주 잊고 사는지 말이다.

이 장을 마칠 때쯤 여러분은 애자일로 계획을 세운다는 의미가 무엇인지 이해하고, 애자일 프로젝트의 성공을 판단하는 척도에 대해 알게 될 것이다. 또한 프로젝트에 관한 단 '세 가지 진실'을 받아들임으로써 촉박한 마감일과 불길한 징조투성이인 프로젝트를, 용기를 갖고 느긋하게 다룰 수 있게 될 것이다.

1.1 매주 가치 전달하기

잠시 애자일을 잊고, 여러분이 고객이라고 생각해보자. 이건 여러분의 돈이고 여러분의 프로젝트다. 게다가 여러분은 소프트웨어 분야에서 최고의 팀을 고용했다.

여러분은 자신이 고용한 팀이 정말 소프트웨어를 출시할 수 있는지 무엇을 보고 자신 있게 이야기 할 수 있을 것 같은가? 책상에 빼곡히 쌓인 문서나 계획 혹은 보고서를 보면 자신 있게 이야기 할 수 있는가? 혹시 여러분이 가장 중요하게 생각하는 기능들이 탑재된 소프트웨어를 매주 전달 받는다면 어떨까?

고객의 입장에서 소프트웨어를 개발해서 전달한다는 개념이 무엇인지 이해할 때야, 비로소 여러분에게 좋은 일들이 생기기 시작할 것이다.

1. 큰 문제들을 작은 문제들로 세분화하라

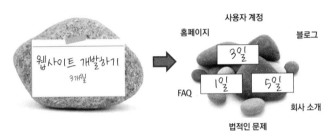

일주일은 비교적 짧은 기간이다. 아무도 모든 일을 일주일 안에 끝낼 수는 없다. 이 기간 동안 무엇이든 완성하려면 크고 어려운 문제들을 작고 단순해서 다룰 수 있는 크기로 나누어야 한다.

2. 가장 중요한 것에 먼저 집중하고, 다른 것들은 다 잊어버려라

우리가 전통적인 소프트웨어 프로젝트를 통해 고객에게 전달한 것들은 대부분 고객에게 아무런 가치를 제공하지 않는 것들이었다.

물론 문서도 계획도 필요하긴 하다. 하지만 그건 모두 잘 작동하는 소프트웨어를 만들기 위해 필요한 부산물일 뿐이다.

매주 고객에게 가치를 전달하면서 여러분은 더 가벼워지고, 가치 없는 것은 과감히 버리는 법을 배우게 될 것이다. 그리고 이런 과정은 결과적으로 여러분이 더욱 가벼운 발걸음으로 필요한 것만을 가지고 여행을 떠나도록 도와줄 것이다.

3. 소프트웨어가 제대로 작동하는지 확인하고 또 확인하라

매주 가치를 전달한다는 것은 여러분이 고객에게 전달한 소프트웨어가 잘 작동해서 사용할 수 있어야 한다는 의미를 내포한다. 또 이 말은 충분히, 가능한 한 일찍 그리고 자주 테스트를 하라는 뜻이다.

사용할 수도 없는 소프트웨어를 프로젝트가 끝날 때까지 끙끙대며 가지고 있지 않으려면, 매일 테스트하는 것이 생활화 되어야 한다. 그러니 책임감을 갖고 테스트하도록 하자.

4. 피드백을 구하라

정기적으로 고객에게 묻지 않고서 여러분이 목표를 향해 잘 나아가고 있는지 어떻게 알 수 있겠는가?

피드백은 안개 속을 헤쳐 나갈 수 있게 해주는 여러분의 전조등이고 고속도로를 100마일로 달리면서도 이탈하지 않게 도와주는 역할을 한다. 피드백이 없다면 고객은 조정할 능력을 잃어버리고, 결국 여러분은 도랑에 빠지고 마는 결과를 얻게 될 것이다.

5. 필요하다면 계획을 바꾸라

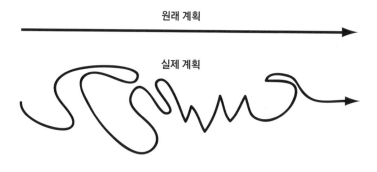

프로젝트를 하다보면 별의별 일이 다 생기기 마련이다. 처음 계획할 때 염두에 두던 문제들이 변할 수도 있고, 이번 주에는 무척 중요했던 것이 다음 주에는 전혀 필요 없어질 수도 있다. 이럼에도 불구하고 이미 세웠던 계획을 재조정하지 않고 무작정 따르기만 한다면, 문제가 생겼을 때 새로운 상황에 대처할 능력이 없어진다. 현실이 원래의 계획과 다르게 흘러갔을 때, 여러분이 세운 계획을 바꿔야 하는 이유가 바로 이 때문이다.

6. 책임감을 가져라

매주 고객에게 가치를 전달해서 자신들의 돈이 과연 어떻게 사용되었는지 보여줄 수 있다면, 여러분은 고객의 믿음을 얻게 될 것이다. 이는 고객에게 다음과 같은 의미를 전해준다.

- 품질을 책임진다.
- 일정을 책임진다.
- 기대치를 세운다.
- 고객의 돈을 마치 당신의 돈인 것처럼 주인의식을 갖고 쓴다.

- 경고 -

이런 방식으로 일하는 것을
누구나 좋아하지는 않는다

언젠가는 누구나 다 이런 방식으로 일하는 것을 좋아하게 될 거라고 생각하느냐고? 천만의 말씀, 만만의 콩떡이다. 누구나 건강식을 먹고 운동해야 한다는 걸 알고도 실천하지 못하는 이유처럼 말이다.

매주 무언가 가치를 전달한다는 건 배짱 없는 사람이 할 수 있는 일이 아니다. 이 말은 여러분이 여태 받아보지 못했던 스포트라이트를 매주 받아야 한다는 뜻이다. 어떤 것도 감출 수 없다. 오직 여러분이 가치 있는 것을 생산했느냐 아니냐 하는 문제만 있을 뿐이다.

하지만 여러분이 프로세스의 투명성, 품질을 향상시키고자 하는 열망 그리고 계획을 실행하고자 하는 강한 욕망이 있다면 애자일 팀에서 일하는 경험은 개인적으로 많은 보람과 재미를 느끼게 해 줄 것이다.

만약 '매주'라는 개념이 너무 부담스럽다면 걱정하지 마라. 대부분의 애자일 팀은 2주마다 소프트웨어를 출시하는 것으로 시작한다(정말 큰 팀이라면 3주에 한 번).

사실 이런 주기는 여러분으로 하여금 제대로 작동하는 소프트웨어를 정기적으로 고객에게 전달하고, 피드백을 받도록 하기 위한 틀일뿐이니, 필요하다면 언제든지 수정해도 좋다.

> **애자일 원칙**
>
> 우리가 가장 우선시하는 것은 신속하고 지속적으로 가치 있는 소프트웨어를
> 고객에게 전달함으로써 고객 만족을 이루는 일이다.

그럼 애자일로 계획을 세우는 방법을 살펴보자.

1.2 어떻게 애자일로 계획을 세울까?

애자일 프로젝트에서 계획을 세우는 건 오랜만에 찾아온 긴 주말을 계획하는 것과 별반 다르지 않다. '해야 할 일'에 대한 리스트를 쓰는 대신 '마스터 스토리 리스트'와 '사용자 스토리'를 쓰기만 하면 된다.

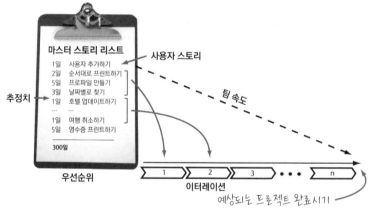

애자일에서 '마스터 스토리 리스트'는 프로젝트 기간 동안 '해야 할 일'을 담은 목록이다. 여기에 고객은 소프트웨어에 추가하고 싶은 모든 기능(사용자 스토리)을 담는다. 고객들이 우선순위를 정하고, 개발팀이 추정치를 매긴 마스터 스토리 리스트는 프로젝트 계획의 기본이 된다.

애자일 프로젝트에서 일을 처리하는 엔진 역할을 하는 것은 '이터레이션'이다. 이터레이션은 고객이 가장 중요시하는 스토리를 골라 개발해서 제대로 작동하는

검증된 소프트웨어로 변화시키는 1주 혹은 2주간의 주기적인 기간을 말한다.

프로젝트 팀원들은 팀의 속도velocity(한 이터레이션 동안 할 수 있는 작업량)를 보면서 자신들이 얼마나 많은 일을 할 수 있는가 알 수 있다. 팀의 속도를 측정해서 앞으로 얼마나 더 많은 일을 할 수 있는지 예상하는 척도로 사용하면, 여러분은 투명하게 계획할 수 있고 해낼 수 있는 것보다 더 많은 것을 하겠다는 헛된 약속은 하지 않을 수 있다.

해야 할 일이 너무 많다면, 여러분이 할 수 있는 건 하나뿐이다. 더 적게 맡아라. 프로젝트의 범위scope를 유연하게 잡으면 계획의 균형을 유지하고 여러분이 맡은 일에 책임도 질 수 있을 것이다.

만약 현재 처한 상황이 이미 세운 계획과 맞지 않다면, 계획을 바꿔보자. 유연한 계획 세우기adaptive planning야말로 애자일의 초석이다.

이것들이 애자일 계획에 관한 모든 것이라 할 수 있다. 보다 깊은 내용은 8장 「애자일로 계획 짜기: 현실적으로 대처하기」 116쪽에서 다루겠다.

목숨이 걸린 일이라면, 당연히 어떻게든 그 일을 해내야 할 것이다. 하지만 기억도 가물가물한 작년 성과 보고서performance review에 적어놓은 현실성 없는 약속 때문이 아니라 정말 가치 있는 이유를 위해 목숨을 걸고 있는지는 확인해보길 바란다.

실제로 현실성이 떨어지는 약속들이 이루어지고 있는 게 사실이다. 많은 팀이 너무나 자주 이렇게 불가능한 일을 해내길 강요당하고 있다. 하지만 강요한다고 불가능한 것이 이루어지지는 않는다. 이처럼 '기적을 바라는 경영' 방법으로 프로젝트를 운영하는 것은 무책임한 일이다. 이는 당신의 고객에게 허황된 기대를 심어 주어 더 심각한 문제를 초래할 수 있다.

현실성 없는 계획 → 기적

작동하는 소프트웨어

애자일에서는 기적의 힘을 빌릴 필요가 없다. 처음부터 고객과 함께 오픈된 상황에서 정직하게 작업하기 때문이다. 고객에게 사실을 사실대로 말하고, 이런 사실을 바탕으로 프로젝트의 범위, 비용, 출시 날짜에 관한 결정을 내릴 수 있도록 하기 때문이다.

이건 선택의 문제다. 어떻게든 모든 일이 기적처럼 다 잘될 거라는 근거 없는 믿음을 갖거나, 믿을만한 계획을 고객과 함께 짜든가 말이다.

그럼 이제 애자일에서 '작업을 마쳤다'고 할 때, 그것이 무엇을 의미하는지 알아보자.

1.3 완료의 의미

여러분의 할머니가 집 앞마당을 청소하려고 이웃집 소년을 고용했다고 해보자. 소년이 다음과 같이 일을 마쳤다고 한다면, 할머니는 이 소년이 정말 임무를 다했다고 생각하실까?

- 어떻게 잔디를 갈퀴질 할 것인지에 대한 계획서 작성
- 우아한 디자인 제시
- 섬세하면서도 포괄적인 테스트 계획 수립

당연히 아닐 것이다! 앞마당의 낙엽을 쓸고 잔디를 깎기 전까지 소년은 한 푼도 받지 못할 것이다.

애자일에서도 마찬가지다.

개발 결과를 전달한다는 말은 코드를 출시 가능한 상태로 만들기 위해 해야 할 모든 일을 수행한다는 뜻이다.

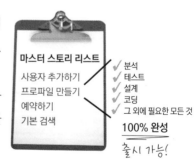

마스터 스토리 리스트

사용자 추가하기
프로파일 만들기
예약하기
기본 검색

✓ 분석
✓ 테스트
✓ 설계
✓ 코딩
✓ 그 외에 필요한 모든 것

100% 완성

출시 가능!

분석, 설계, 코딩, 테스트 그리고 UX와 디자인이 모두 그 과정에 포함된다. 기능이 만들어질 때마다 반드시 이 모든 과정을 거쳐야 한다든가 이터레이션 때마다 최근에 개발한 기능을 출시한다는 의미는 아니다. 하지만 필요하다면 그렇게 할 수 있는 태도를 가져야 한다는 뜻이다.

만약 출시되기에 부족한 면이 있다면, 그건 아직 완료되지 않았다는 뜻이다. 그리고 바로 이것이 애자일 개발자로서 우리들이 애자일 원칙을 충분히 이해하고 다음과 같은 세 가지 진실을 받아들여야 하는 이유다.

애자일 원칙

작동하는 소프트웨어는 프로젝트의 진척을 알 수 있는 주된 척도다.

1.4 세 가지 진실

프로젝트에 관한 아주 단순한 진실 세 가지를 여기 소개하겠다. 이 세 가지 진실을 겸허히 인정하고 받아들인다면, 여러분은 아마 소프트웨어 프로젝트에서 늘 마주하는 여러 우여곡절이나 걸림돌들을 수월하게 피해갈 수 있을 것이다.

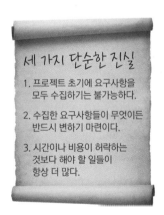

세 가지 단순한 진실

1. 프로젝트 초기에 요구사항을 모두 수집하기는 불가능하다.

2. 수집한 요구사항들이 무엇이든 반드시 변하기 마련이다.

3. 시간이나 비용이 허락하는 것보다 해야 할 일들이 항상 더 많다.

첫 번째 진실을 받아들인다는 것은 여러분이 모두 다 알지 못하는 상태로 여행을 시작하는 걸 두려워하지 않는다는 뜻이다. 요구사항은 프로젝트를 진행하면서 찾아내야 하며, 모든 요구사항을 수집하기 전에 진행하지 않겠다면 절대로 시작할 수 없다는 걸 여러분이 안다는 뜻이다.

두 번째 진실을 받아들인다는 것은 여러분이 변화를 두려워하거나 피하려 하지 않는다는 뜻이다. 여러분은 이미 무언가 변경된다는 사실을 알고 있다. 그러니 필요하다면 언제든 계획을 수정해서 프로젝트를 계속 진행해 나갈 준비가 되어있다.

세 번째 진실을 받아들인다는 것은 여러분에게 주어진 시간과 자원보다 해야 할 일이 더 많더라도 스트레스에 시달리지 않는다는 뜻이다. 사실 이런 상황은 흥미로운 프로젝트에서 자연스레 나타나는 현상이다. 이때 여러분이 할 수 있는 건 단 한 가지다. 우선순위를 정하고, 중요한 순서대로 일을 처리해서 가장 덜 중요한 것을 마지막으로 하는 것 말이다.

우리가 이 세 가지만 받아들여도, 소프트웨어 출시와 관련된 우리의 수많은 스트레스와 고민들은 확실히 줄어들 것이다. 그러면 여러분은 한층 더 높은 집중력과 명쾌함으로 혁신을 일으킬 수 있을 것이다.

그리고 항상 다음을 기억하도록 하자.

길은 하나가 아니다!

모두의 입맛에 딱 맞는 아이스크림이란 없는 것처럼 애자일에서도 모두를 만족시키는 단 하나의 방법론은 존재하지 않는다.

- 스크럼 - 애자일 프로젝트를 관리하기 위한 프로젝트 관리 틀
- XP - 모든 애자일 프로젝트에 필요한 핵심 소프트웨어 엔지니어링 실천법
- 린^Lean - 지속적인 발전을 추구하는 회사라면 사용할만한 효율적인 도요타 생산 시스템

그리고 또 하나, 여러분 자신만의 애자일 방법론이 있다. 꼼꼼히 계획을 짜고 떠

난 가족여행의 목적지에 도착해보니 놀이공원이 휴관 중이라는 걸 알았을 때, 아이들이 실망하기 전에 재빨리 새로운 계획을 짜듯이 말이다.

이 책뿐 아니라 시중에 나온 많은 애자일 관련 책에서 저자들이 자신들의 고객과 일하면서 시도해보고 유용하다고 느꼈던 이야기들을 독자와 나누고 있다. 나는 이 책에서 애자일 방법으로 일하면서 가르쳤던 것, 획기적이었던 것 그리고 개발했던 것들을 나누고 싶다. 그러니 이 책을 읽고, 공부하고, 직접 부딪쳐보라. 그리고 그 중 여러분에게 필요한 것만을 골라서 가져가길 바란다.

하지만 어떤 책이나 방법론도 여러분이 필요로 하는 모든 것을 줄 수는 없다는 것을 기억하기 바란다. 여러분 스스로 자신에게 필요한 것이 무엇인지 생각해야 한다. 아무리 확실하게 정립된 원칙이나 실천법들이 있다 하더라도, 모든 프로젝트는 저마다 특별한 개성이 있기 때문이다. 그러니 본인이 그런 원칙들을 어떻게 적용하느냐는 결국 여러분이 처한 상황과 맥락에 따라 달라질 수밖에 없다.

용어 정리

애자일에서 사용하는 용어는 다른 방법론에서 사용하는 것과 대부분 일맥상통한다. 하지만 익스트림 프로그래밍Extreme Programming과 스크럼에서 사용하는 용어가 다른 경우가 종종 있다.

나는 이 책에서 용어를 일관되게 사용하려고 노력했지만(개인적으로 익스트림 프로그래밍에서 사용하는 용어를 더 선호한다), 만약 내가 다음과 같은 용어를 쓴다면 이는 서로 바꿔 쓸 수도 있고 결국은 같은 뜻이라고 이해해도 무방할 것이다.

- 스프린트 대신 이터레이션
- 제품 백로그 대신 마스터 스토리 리스트
- 제품 책임자product owner 대신 고객

다음 단계는?

기본은 이쯤으로 충분한 것 같다. 그럼 이제 팀에 관해 이야기 해보자.

다음 장에서 우리는 애자일 팀은 어떻게 구성되는지, 애자일 프로젝트에서는 어떻게 일하는지 이야기 해보고, 애자일 프로젝트를 시작하기 전에 팀에 소속되어 있는 팀원들이 꼭 알아야 할 몇 가지 사항에 대해서 살펴볼 것이다.

2장

애자일 팀 만나기

애자일 팀은 여러 가지 면에서 기존의 프로젝트 팀과 차별화된다. 전형적인 애자일 프로젝트는 팀원 각각의 역할을 미리 정의하지 않는다. 누구나 무슨 일이든 할 수 있다. 그런데 신기하게도 이처럼 혼란스럽고 체계적이지 않은 것 같은 틀 속에서 높은 품질의 소프트웨어가 끊임없이 생산된다.

이번 장에서 우리는 과연 무엇이 애자일 팀을 애자일 팀답게 하는지 한층 깊이 있게 살펴볼 것이다. 좋은 애자일 팀의 특징은 무엇이고 다른 점은 무엇인지 알아보고 애자일 팀에 맞는 최적의 팀원들을 찾는 방법을 배워보도록 하자.

이번 장을 다 읽었을 때쯤 여러분은 전형적인 애자일 팀은 어떻게 구성되어 있는지, 여러분만의 팀을 구성하려면 어떻게 해야 하는지, 그리고 팀에 합류하기 전에 알아야할 사항이 무엇인지 알게 될 것이다.

2.1 애자일 프로젝트는 어떻게 다른가?

애자일 팀다운 것이 무엇인지 알아보기 전에, 애자일 프로젝트에 관해 여러분이 알아두어야 할 사항이 몇 가지 있다.

첫째, 애자일 프로젝트에서는 각 팀원 간의 역할이 불분명하다. 이 사항이 잘 지켜졌다면 애자일 프로젝트에서 일하는 건 마치 작은 신생기업startup company에서 일하는 것과 비슷할 것이다. 그 사람의 직위나 주어진 역할에 상관없이 누구든 프로젝트를 성공시키기 위해 필요한 일에 참여할 수 있다.

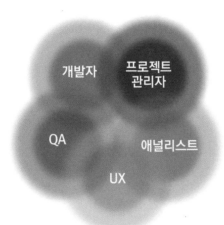

물론 사람들마다 저마다 전문분야가 있고, 보통 자신이 잘 하는 분야에서 계속 일하고 싶어 한다. 하지만 애자일 프로젝트에서는 엄밀하게 정의된 역할인 애널리스트analyst, 개발자, QA라는 역할이 존재하지 않는다. 최소한 전형적으로 쓰이는 의미로는 말이다.

이 밖에 애자일 팀의 또 다른 특징은 분석, 코딩, 설계 그리고 테스트의 과정을 지속적으로 실행한다는 데에 있다.

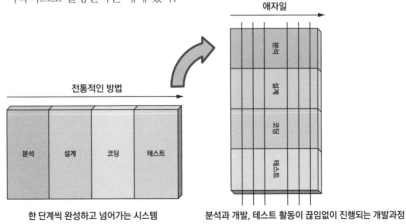

한 단계씩 완성하고 넘어가는 시스템   분석과 개발, 테스트 활동이 끊임없이 진행되는 개발과정

그 말은 애자일에서는 이런 작업들이 독립적으로 존재할 수 없다는 뜻이다. 그렇기 때문에 팀원들은 프로젝트 기간 동안 매일 같이 함께 고민하고, 함께 작업해 나가야 한다.

 VS.

하나의 팀   분석 설계, 개발, 테스트가 명확히 구분된 팀(multiple silos)

세 번째로 여러분이 알아야 할 것은 '우리 모두는 한 배를 탄 하나의 팀이다', '우리가 한 일에 대해서는 한 팀으로 책임을 져야 한다'는 개념이 애자일에서 얼마나 중요한지 깨닫는 일이다.

애자일 프로젝트에서 품질은 팀 모두의 책임이다. QA 부서가 따로 있는 게 아니라, 바로 여러분 하나하나가 이 프로젝트의 QA 부서가 되어야 한다. 여러분이 하는 일이 분석이건, 코딩이건, 프로젝트 관리이건 상관없이 말이다. 제품의 품질이 좋은지 확인하는 활동은 프로젝트의 모든 분야에서 끊임없이 일어나야 한다. 그렇기 때문에 애자일 프로젝트에서는 "어떻게 QA가 이런 결함을 찾아내지 못한 거죠?"와 같은 질문을 들을 수 없다.

'불분명한 역할분담', '분석과 개발, 테스트 활동이 끊임없이 진행되는 개발 과정' 그리고 '한 팀으로서의 책임감'이 바로 여러분이 애자일 팀에서 경험하게 될 것들이다.

그럼 프로젝트를 성공시키기 위해 애자일 팀은 어떤 일을 하는지 알아보자.

2.2 애자일 팀을 애자일답게 하는 것

본격적으로 애자일 프로젝트에 들어가기 전에, 여러분이 성공적으로 애자일을 활용하기 위해 갖추어야 할 것들을 몇 가지 소개하겠다.

같은 공간에서 일하기

만약 여러분 팀의 생산성을 엄청나게 향상시킬 수 있는 방법이 딱 하나 있다면, 그건 모든 팀원이 같은 장소에서 함께 앉아 일하는 일일 것이다.

같은 공간에서 일하는 팀은 일을 더 잘 하게 되어있다. 질문이 나오면 빨리 답을 얻을 수 있고, 문제가 생기면 그 자리에서 해결할 수 있다. 팀원끼리 교류할 때 생기는 문제도 훨씬 적고, 서로 간에 믿음도 훨씬 빨리 생긴다. 같은 공간에서 일하는 작은 규모의 팀과 경쟁해서 이기기는 무척 어렵다.

같은 공간에서 일하는 팀이 그렇게 좋다면, 그럴 수 없는 팀은 애자일을 할 수 없다는 말인가? 물론 그렇지는 않다.

분산된 공간에서 일하는 팀이 점점 많아지고 있다. 같은 공간에서 일하는 팀이 가지는 혜택이 분산된 공간에서 일하는 팀보다 훨씬 큰 것은 사실이지만, 그런 차이를 줄이기 위해 여러분이 할 수 있는 것들이 있다.

하나는 프로젝트 초반에 모든 팀원을 한자리에 모일 수 있는 경비를 마련하는 일이다. 비록 며칠이더라도(물론 몇 주라면 훨씬 더 좋겠지만), 서로를 알아가면서 농담하며 식사를 함께 하는 동안, 각기 개성 있는 팀원들이 효율적인 하나의 팀으로서 더욱 단단한 결속력을 갖출 수 있게 말이다.

그 후로는 비록 각지에 흩어져 있더라도, 여러 가지 의사소통 도구(스카이프skype, 비디오 회의, 소셜 미디어 도구)들을 이용해 팀원들 간에 소통을 지속한다면, 마치 한 곳에서 서로 함께 일하는 것과 같은 기분을 느끼게 될 것이다.

참여하는 고객

아직도 많은 소프트웨어가 고객과 전혀 소통하지 않는 팀에 의해 개발되고 있다. 참으로 슬픈 일이다. 이건 거의 범죄라고 할 수 있다.

고객이 전혀 참여하지 않는데 어떻게 그들이 원하는 혁신적인 소프트웨어를 만들기를 기대할 수 있단 말인가?

'참여하는 고객'이란 개발팀이 최상의 소프트웨어를 만들 수 있도록 데모에 참석하고, 질문에 대답하며, 피드백을 제공함으로써 팀이 필요로 하는 지침이나 통찰력을 제공하는 사람이라고 할 수 있다. 이런 고객은 중요한 팀원 중 하나이자 최고의 파트너다.

익스트림 프로그래밍이나 스크럼 같은 애자일 방법론이 '현장 고객on-site customer'이나 '제품 책임자'(고객과의 소통을 전담)와 같은 역할을 통해 참여하는 고객의 중요

'픽사의 손길the pixar touch'이라는 다큐멘터리에서 스티브 잡스는 픽사가 영화를 만들 때 '계획되지 않은 협동작업'에 얼마나 많이 의존했는지 고백한다. 토이스토리 2 개봉 후(흥행에 완전히 실패한 후), 그는 직원들이 각자 흩어져서 고립 상태로 일한다는 사실을 깨닫게 되었다. 그리고 협업해서 일할 수 있는 새로운 방법을 모색하지 않는다면, 여태 일구어 낸 기적 같은 일들을 모두 잃을 위기에 직면한다는 걸 직감했다.

바로 이것이 픽사가 캘리포니아에 있는 에머리빌에 20에이커나 되는 땅을 구입한 이유였다. 모든 직원이 한 지붕 아래서 일하게 되자 결과는 즉시 나타났다. 사람들 간의 소통은 향상되었고, 자연스럽게 협력이 이루어졌다. 이는 픽사가 매년 중요한 작품을 제작할 수 있도록 하는데 크게 기여했다.

성을 강조하는 이유도 바로 이 때문이다. 이는 정말 중요한 역할이다. 이런 역할에 대해서는 잠시 후에 더 자세히 살펴보도록 하자.

애자일 프로젝트를 성공적으로 운영하기 위해 참여하는 고객이 꼭 필요한 이유 또한 이 때문이다.

애자일 원칙

프로젝트가 진행되는 동안 '업무 전문가들business people'과
'개발을 하는 사람들'은 매일 함께 일해야 한다.

"우리도 그런 고객이 있으면 좋겠지만, 만약 이렇게 참여하고자 하는 고객이 없다면 어떻게 해야 합니까?"하고 궁금해 하는 사람이 있을지도 모르겠다. 어쩌면 그 고객에게는 과거에 이런 시도가 실패했던 경험이 있을지 모른다. 혹은 애초부터 여러분이 맡은 프로젝트는 그 고객에게 전혀 의미가 없었을 수도 있다. 만약 그것도 아니라면 그저 여러분이 이 프로젝트에서 결과물을 내놓지 못할 것이라고 생각하는지도 모르는 일이다.

그 이유가 무엇이든, 만약 고객의 신뢰를 얻고 싶다면, 다음과 같이 해보라고 권하고 싶다.

다음에 고객과 마주한다면, 그 고객이 당면하고 있는 골치 아픈 문제 몇 가지를 2주안에 해결해 주겠다고 하자.

사실 허락이나 동의를 얻을 필요도 없다. 문제를 해결하는 데 절차는 중요치 않다. 그저 고객이 어떤 문제로 속을 썩는지 들어주고, 해결하기만 하면 그만이다.

문제가 무엇인지 파악했다면, 어떻게든 답을 찾아 해결하도록 하자. 그리고 2주 후에 고객에게 돌아가서 바로 그 골치 아팠던 문제를 해결했다는 것을 보여주고는, 또 다른 문제를 찾아 해결해주라.

여러분이 골치 아픈 문제를 해결하는 사람이라는 것을 고객이 알아챌 때까지 아마 이런 과정을 서너 번 반복해야 할 것이다. 하지만 결국 고객이 이를 알아차릴 때가 올 것이다.

그때가 오면 고객이 여러분을 보는 눈이 달라져, 책임감 있게 제 할 일을 해내는 열정적인 실천가라고 여러분을 인지하게 될 것이다.

고객이 프로젝트에 참여하지 않는 이유를 찾자면 끝이 없다. 어쩌면 고객은 IT 부서에서 자신들을 위한답시고 하는 프로젝트들이 지겹다고 느끼는지도 모르고, 애초에 그 소프트웨어는 고객이 원하는 (혹은 필요로 하는) 것이 아니었을지도 모른다. 혹은 프로젝트를 성공적으로 마치기 위해서 고객의 역할이 얼마나 중요한지 여러분이 충분히 역설하지 못해서일 수도 있다. 그마저도 아니라면 그 고객은 정말 바쁜 사람인가 보다.

여하튼 내가 하고자 하는 말은 고객의 신용을 얻고 싶다면, 조금씩 그들의 신용을 쌓을 만한 일을 하기 시작하라는 것이다. 그러면 언젠가는 고객이 당신 편에 설 날이 온다.

자기 조직화

애자일 팀은 목표가 주어지면 한발 물러서서 목표를 어떻게 달성할지 함께 고민한다. 그러기 위해서는 팀이 자기 조직화self-organizing되는 것이 꼭 필요하다.

자기 조직화된 팀은 팀원 각자가 자존심이나 자신만이 옳다는 식의 태도를 버리고 자신의 특별한 기술, 열정, 재능을 사용해서 한 팀으로써 프로젝트를 성공적으로 전달하기 위해 최선의 방법을 모색한다.

"물론 바비는 코딩을 잘 하죠. 하지만 디자인에도 굉장한 소질을 가지고 있으니까 모형^{mock up}을 만드는 것을 도와 줄 수도 있겠네요."

"수지는 단연 최고의 테스터에요. 하지만 고객과 같이 일할 때 숨겨진 진짜 재능을 발휘하죠. 고객을 대하는 그녀만의 방법이 있거든요. 무엇보다도 그녀는 고객과 일하는 걸 정말 좋아해요."

이 말이 개발자가 시각 디자인 전문가가 되어야 한다거나 테스터에게 프로젝트를 운영하길 기대한다는 뜻은 아니다.

오히려 사람에게 적합한 역할을 맞추는 일이 역할에 사람을 맞추려는 것보다 팀을 구성하는 훌륭한 방법이라 생각한다는 뜻이다.

그렇다면 자기 조직화된 팀을 만들려면 어떻게 해야 할까?

- 팀원들이 스스로 계획하고, 추정치를 정하면서 프로젝트의 주인이 되도록 하라.
- 누가 어떤 직책을 갖거나 역할을 맡는지 걱정하기보다는 제대로 작동하고 테스트를 통해 검증된 소프트웨어를 만들어내는 일에 더 신경 쓰라.
- 가만히 앉아서 임무가 맡겨지기를 기다리는 사람보다는 진취적으로 자신의 운명을 개척해나갈 인재를 찾아라.

간단히 말하자면, 팀을 단속하려는 규율이나 통제를 없애고 믿음과 권한을 부여하면서 일하도록 하라는 것이다.

애자일 원칙

최고의 아키텍처, 요구사항 그리고 설계는
자기 조직화된^{self-organizing} 팀에서 나온다.

여기까지 자기 조직화를 할 수 있는 팀 자체만으로도 프로젝트에서 탁월한 성과를 올릴 가능성이 높다는 것을 배웠다. 하지만 이보다 더 마술 같은 일은 바로 이런 팀들이 '책임감'과 '자율성'을 만들어 낸다는 사실이다.

책임감과 자율성

훌륭한 애자일 팀은 언제나 결과에 책임을 지려한다. 이들은 고객이 자신들에게 의지하고 있다는 것을 알고, 첫날부터 가치를 전달해야 한다는 책임을 회피하려 하지 않는다.

당연히 이런 책임감 있는 작업은 팀에게 실질적인 권한이 주어졌을 때만 이루어진다. 스스로 결정을 내릴 수 있는 권한을 부여 받고 자신이 옳다고 생각하는 것을 실행할 수 있을 때 그 팀은 진취적으로 문제를 해결하고 맡겨진 임무에 부합하는 행동을 하게 된다.

물론 때때로 실수를 할 수도 있을 것이다. 하지만 이를 통해 얻는 이득이 훨씬 크기 때문에 실수는 감수할 만하다.

애자일 원칙

의욕이 가득한 사람으로 팀을 구성하라. 그들에게 필요한 환경과 지원을 아낌없이 하고 난 후에는 이들이 맡은 바 일을 완성할 것이라고 믿어라.

자율적이고 책임감 있는 팀을 구성한다는 것은 생각처럼 쉽지 않다. 모두가 다 자율적으로 일하고 싶어 하진 않기 때문이다. 그저 출근해서 시키는 일만 하면 쉬울 것을 왜 굳이 일을 찾아 다녀야 하겠는가?

여러분의 팀이 책임감이 없다는 생각이 든다면 이를 고칠 수 있는 쉬운 방법이 하나 있다. 자신들이 만든 소프트웨어를 데모하도록 하는 것이다.

고객이 있는 자리에서 실시간으로 소프트웨어를 데모하는 이 간단한 행동은 팀으로 하여금 책임감을 갖게 하는데 엄청난 기여를 할 것이다.

첫째, 팀원들이 소프트웨어가 출시되기를 기대하는 고객을 직접 대면한다. 이를 통해 팀원들은 자신들이 가지고 있는 불편함을 해소시켜줄 소프트웨어로 보다 편한 삶을 살고자 하는 사람들이 정말 존재한다는 사실을 절실히 깨닫게 될 것이다.

둘째, 데모를 하다가 생긴 실수 한 번이면, 팀원들이 완벽히 작동하는 소프트웨어를 만들어 아무 문제없이 고객의 피드백을 받도록 최선을 다하게 해 줄 것이다. 또한 그렇게 하기 위해 더 많은 권한을 부여 받길 원할 것이다. 만약 실수를 하고도 아무런 변화나 동기도 없다면, 여러분의 팀은 생각보다 더 큰 문제점에 부딪힌 것이다.

교차기능팀

교차기능팀cross-functional team은 전반적인 분야에 걸쳐 고객에게 도움을 제공할 수 있는 팀이다. 이런 팀은 고객이 어떤 기능을 요구하든 이를 제대로 전달할 만한 충분한 역량을 팀 내에 갖추고 있다.

팀을 구성할 때는 다방면에 걸쳐 많이 알고 관심을 갖는 사람generalist을 구하도록 하자. 개발자를 구한다면 그저 프론트 엔드front end나 백 엔드back end만 아는 사람이 아니라, 기술의 전반적인 분야를 아우르는 사람을 구하고, 테스터나 애널리스트를 구한다면 요구사항을 심도 깊게 분석하면서도 테스트를 부담스러워하지 않는 사람을 구하라는 뜻이다.

팀 내에 특정한 기술(예를 들어 데이터베이스 튜닝)에 대한 지식이 부족해서 간혹 전문가가 필요할 때도 있다. 하지만 대부분 프로젝트가 진행되는 동안 팀 사람들과 그 내에서 문제를 해결한다.

교차기능팀의 진짜 매력은 속도에 있다. 팀원들은 프로젝트 첫날부터 누군가의 승인을 기다리거나 자원resource에 대해 협상하는 일 없이 가치를 전달하기 시작할 수 있다.

그럼, 여기까진 여러분이 팀을 구성할 때 일어날 가능성이 있는 것, 꼭 해야 할 것에 관해 알아보았다.

이제 애자일 팀에서 접하는 다양한 역할을 살펴보도록 하자.

누가 내 치즈를 옮겼을까?

누가 내 치즈를 옮겼을까?[joh98]는 생쥐에 빗댄 비즈니스 우화다. 어느 날 생쥐들은 안락한 삶의 기반이던 커다란 치즈 덩어리가 사라졌음을 발견한다. 누군가 그 치즈를 옮긴 것이다. 이 생쥐들은 앞으로 무엇을 해야 할지 앞이 캄캄해진다.

어떤 사람들에게는 자신들이 일하는 방법을 애자일 방식으로 바꾸는 작업이 마치 누군가가 자신의 치즈를 옮기는 기분이라고 느낄 수도 있다.

프로젝트 매니저에게는 그들이 얼마나 노력하든 요구사항이 항상 변한다는 것을, 애널리스트에게는 분석에는 끝이 없다는 것을, 그리고 개발자에게는 테스트를 반드시 써야 한다는 것을 깨닫는 일이다(그것도 아주 많이!).

그러니 누군가의 일하는 방법을 바꾸려 한다면, 여러분이 그들의 치즈를 옮기고 있다는 사실을 인지해야 한다. 그래야만 새로운 치즈를 찾도록 도와주려고 여러분이 하는 모든 행동이 (예를 들어, 그들의 역할이 어떻게 변할지 알려주는 일) 비로소 그들에게 도움이 될 것이다.

2.3 우리가 자주 접하는 역할

스크럼이나 XP 같은 애자일 방법에는 프로젝트 내에 그렇게 많은 역할이 없다. 무엇이 개발되어야 하는지 아는 사람(고객)과 그것을 직접 개발하는 사람(개발팀)만 있을 뿐이다.

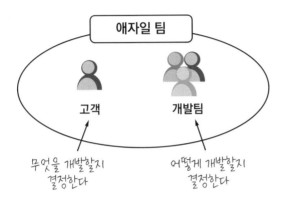

혹시 개발자, 테스터, 애널리스트는 어디 있는지 궁금해 한다면, 여기 다 포함되어 있으니 걱정하지 말라. 단지 애자일에는 누가 어떤 역할을 맡는지보다 각 역할이 제대로 수행될 수 있는지에 더 초점을 맞출 뿐이다.

그럼 애자일 프로젝트에서 가장 중요한 역할 중 하나인 '애자일 고객'을 살펴보자.

애자일 고객

고객은 애자일 프로젝트에서 모든 요구사항에 대한 정보가 흘러나오는 '진실의 원천'이고, 우리는 바로 이 고객을 위해 소프트웨어를 개발한다.

모든 것이 이상적인 경우라면, 고객은 자기 분야의 전문가일 것이다. 그는 자신의 비즈니스를 잘 파악하고 있고, 여러분이 개발하는 소프트웨어가 어떤 일을 해야 하는지 어떻게 보여야 하는지, 어떻게 작동하는지에 대해 많은 관심을 가지고 있을 것이다. 게다가 여러분의 팀에 필요한 지침을 제공하고, 질문에 응답하고 피드백을 주는 일에 열성적일 것이다.

또한 고객은 일의 우선순위를 정하고, 어떤 기능을 언제 개발할 것인지도 결정한다.

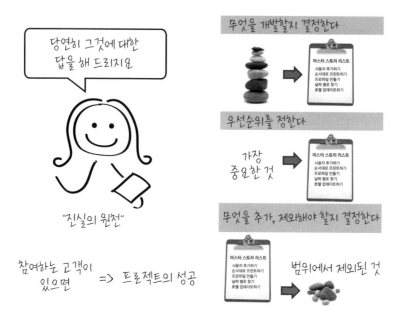

이런 작업이 그냥 이루어지는 것은 아니다. 고객은 개발팀과 함께 협력하는 과정을 통해 결정을 내리게 되는데, 어떤 기능들은 기술적인 이유로 다른 것보다 먼저 개발되어야 하기 때문이다(바꿔 말하자면, 기술적 위험을 줄이기 위해서 말이다).

하지만 일반적으로 고객은 비즈니스 관점에서 우선순위를 정한 다음, 개발팀과 어떻게 그 계획을 구현할 것인지 논의한다.

또한 고객은 마감일이 임박해서 시간과 비용이 다 소진됐을 무렵에 무엇을 포기해야 하는지 정하는 것과 같은 어려운 결정도 내려야 한다.

물론 이런 일들을 다 하기 위해서는 고객이 풀타임으로 개발팀과 같이 일하는 것이 가장 이상적이다. XP 초기에는 이를 현장 고객on-site customer, 스크럼에서는 이를 제품 책임자라 칭했다.

하지만 이런 고객이 있는 팀은 소수에 불과하니 그런 고객이 없다고 좌절할 필요는 없다. 참여하는 고객 없이도 여전히 애자일을 사용해서 프로젝트를 성공시킬 수 있다. 모든 프로젝트가 이런 고객을 필요로 하는 건 아니니까.

여기서 중요한 것은 고객의 참여를 많이 이끌어 낼수록 좋다는 XP나 스크럼의 정신을 잊지 않는 것이다.

그러니 가능한 한 고객의 참여를 많이 이끌어내도록 하고, 그들이 스스로 필요한

결정을 내리고, 자신들의 역할이 프로젝트를 성공시키는 데 얼마나 중요한지 이해
하도록 해야 한다.

자, 그럼 이제 개발팀에 대해 살펴보자.

개발팀

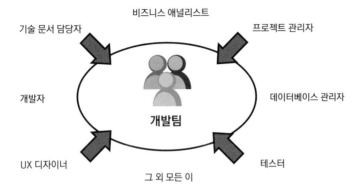

애자일 개발팀은 여러 기능을 지닌cross-functional 기술자로 이루어진 그룹이다.
이들은 고객이 원하는 어떤 기능도 소프트웨어로 만들어 줄 수 있는 사람들이다.
애널리스트, 개발자, 테스터, 데이터베이스 관리자DBAs, 그리고 그 외 사용자 스토
리를 소프트웨어로 만들 수 있는 모든 사람이 이 그룹에 포함된다.

내가 아무리 애자일 팀에는 특정한 역할이 없다고 주장해도, 여태 전통적인 방법
으로만 일하던 개발팀에게 갑자기 '여러분이 제일 잘하고 재미있어 하는 일을 스
스로 책임지고 하라self organize'고 요구하는 방법이 먹히는 것을 본 적이 없다.

애자일 프로젝트에서 역할이란 구체적이지 않으며 누구나 여러 가지 역할을 수
행할 수 있다고 이해시키는 것은 분명히 필요하다. 하지만 나는 사람들이 이미 이
해하고 있는 용어를 사용해서 애자일을 소개했을 때 오히려 더 쉽게 애자일로 변
해가는 것을 보아왔다.

여러분의 팀도 이런 경우라면, 프로젝트를 애자일 방식으로 바꾸려 할 때 알면
도움이 될 만한 애자일 역할에 대해 배우고, 각 팀원의 역할이 애자일 프로젝트에
서는 어떻게 변하는지 알아보자.

애자일 애널리스트

어떤 기능을 개발할 때, 팀원 중 누군가는 그 기능이 정확히 어떻게 작동해야 하는지 세세한 부분까지도 알아내야 한다. 애자일 애널리스트가 해야 하는 일이 바로 이것이다.

애널리스트는 고객과 가장 가까이 일하면서, 고객이 정말 원하는 것이 무엇인지 캐내기 위해 끊임없이 질문하는 노련한 형사 같은 역할을 한다.

애자일 팀에서 애널리스트는 여러 가지 임무를 맡는다. 고객이 사용자 스토리를 쓰도록 도와주고(6장 「사용자 스토리 수집하기」 82쪽), 개발팀에게 주어진 스토리를 심도 깊게 분석한다. 또한 모형mock up이나 프로토타입을 작성하고, 가능한 모든 도구를 사용해 사람들과 소통하면서 스토리의 핵심이 무엇인지 설명해준다.

애자일 애널리스트가 어떻게 일하는지는 9.4 '1단계: 분석과 설계: 작업 준비하기' 150쪽에서 더 자세히 논의하자.

애자일 개발자

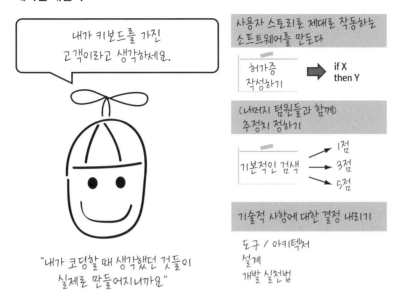

여태 알아낸 요구사항이나 정보는 그저 우리가 이루고 싶은 바람일 뿐 개발이 시작되기 전까지는 아무것도 이루어지지 않는다. 애자일 개발자는 바로 이런 우리의 바람을 현실로 이루어지게 하는 역할을 한다.

애자일 개발자는 소프트웨어의 품질을 매우 중요하게 여기는 전문가다. 그중에서도 최고의 개발자는 스스로의 작업에 자부심을 느끼면서도 더 높은 품질의 코드를 생산하려고 부족한 부분을 끊임없이 탐색하는 테스터라고 할 수 있다.

이렇게 주기적으로 품질 좋은 소프트웨어를 생산하기 위해 개발자들은 몇 가지일을 한다.

- 테스트를 많이 작성하고, 이 테스트를 설계를 구성하는 수단으로 사용한다. (12장 「단위 테스트: 제대로 작동하는지 확인하기」 188쪽, 그리고 14장 「테스트 주도 개발」 210쪽).
- 개발을 하는 동안, 끊임없이 설계하고 소프트웨어의 아키텍처를 향상시킨다. (13장 「리팩터링: 기술적 부채 갚기」 198쪽).

- 코드베이스가 항상 출시^{production}가 가능한 상태로 준비되어 있고 언제든지 배치^{deploy}할 수 있도록 한다. (15장 「지속적인 통합: 출시 준비」 220쪽).

개발자들은 또한 고객과 다른 팀원들 가까이에서 일하면서 무엇이 개발되고 있는지, 그것이 가장 간단한 방법으로 개발되었는지, 언제라도 소프트웨어를 출시할 수 있는 상태인지를 감시하는 역할을 한다.

애자일 테스터

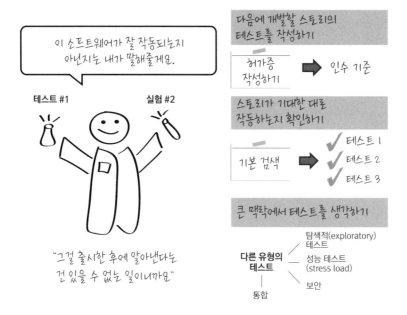

애자일 테스터는 하나의 기능을 개발하는 작업과 그 기능이 기대한 것처럼 작동하는지 확인하는 작업이 다른 종류의 일이라는 것을 아는 사람이다. 이 때문에 애자일 테스터는 프로젝트에 일찍 합류해서 사용자 스토리가 정확히 정의 되었는지, 개발이 된 후에는 그 스토리가 기대한 바와 같이 작동되는지를 확인한다.

애자일 프로젝트에서 생기는 모든 일은 테스트를 거쳐야 하기 때문에, 애자일 테스터는 곳곳에서 찾아볼 수 있다.

아마도 여러분은 테스터들이 고객과 가까이 일하면서 고객의 요구사항을 테스트의 형태로 수집하는 것을 목격할 수 있을지도 모른다.

테스터들은 개발자와 가까이 일하면서, 테스트를 자동화test automation하고, 혹시 있을지 모를 허점을 찾으면서 가능한 모든 방법으로 애플리케이션을 테스트한다.

이들은 큰 맥락에서 테스트를 어떻게 해야 하는지 생각하고 테스트의 양이나, 확장성, 또한 높은 품질의 소프트웨어를 생산하기 위해 필요한 그 외 모든 것을 주의 깊게 살펴본다.

자넷 그레고리Janet Gregory와 리사 크리스핀Lisa Crispin의 저서인 『Agile Testing: A Practical Guide for Testers and Agile Teams』[GC09]는 애자일 테스트의 중요한 역할에 대해 더 자세히 설명한 좋은 참고 서적이다.

애자일 테스팅이 이루어지는 방법에 대해서는 9.6 '3단계: 테스트: 완료된 작업 확인하기' 158쪽에서 더 자세히 논의해보자.

모든 프로젝트를 이렇게 시작했다면 어땠을까?

팀원들과 함께 모여 여러분 자신에 관한 다음의 4가지 질문에 응하는 것으로 프로젝트를 시작한다고 상상해보자.

• 내가 뭘 잘할까?
• 내 업무능력은 어떤가?
• 나는 무엇에 가치를 두는가?
• 사람들은 내게서 어떤 결과를 바라는가?

이제 팀원들에게 돌아가면서 각각 그들이 뭘 잘하는지, 어떤 업무능력을 가졌는지, 어디에 가치를 두는지, 뭘 기대할 수 있는지 질문 해보면 어떨까?

위 질문을 나는 '드러커 실험'[1]이라고 부른다. 간단하지만 강력한 팀 구축 도구로써 여느 훌륭한 팀이라면 필요한 소통과 믿음을 형성하도록 해준다.

---

[1] http://agilewarrior.wordpress.com/2009/11/27/the-drucker-exercise/ 옮긴이 저자는 드러커의 「Manage Oneself」라는 글에서 개인의 역량을 극대화하는데 도움이 될 질문들을 참고하여 이런 실험을 만들었는데, 그래서 '드러커 실험'이라고 부르게 되었다.

애자일 프로젝트 관리자

애자일 프로젝트 관리자^{PM}는 팀원들이 행복해야만 프로젝트가 성공한다는 사실을 알고 있다. 바로 그게 좋은 PM이 팀원의 행복과 프로젝트의 성공을 위해서라면 지구 끝까지라도 달려가야 하는 이유다.

이 말은 PM이 끊임없이 계획을 짜고 필요에 따라 계획을 수정하는 유연성을 가져야한다는 뜻을 내포한다 (8장 「애자일로 계획 짜기: 현실을 반영한 계획 수립하기」 115쪽).

또한 PM은 프로젝트와 관련된 내외 인사들에게 올바른 기대감을 심어주어야 한다. 프로젝트 이해관계자들에게 진행상황 보고하기, 회사와의 관계 형성하기, 필요하다면 외부 인사나 압력으로부터 팀을 보호하는 것 등이 PM이 해야 할 일이다.

훌륭한 애자일 PM은 팀원들에게 직접 일을 지시하지 않는다. 설령 자신이 부재 중이더라도 팀원들이 독자적으로 일하면서 소프트웨어를 출시할 수 있을 만한 환경을 만들어 주어야 한다. PM이 일주일 동안이나 출근하지 않았는데 아무도 알아채지 못했다면 그건 그만큼 그녀가 훌륭한 애자일 PM이라는 증거다.

애자일 프로젝트 관리자에 관해서는 8장 「애자일 계획 짜기: 현실을 반영한 계획 수립」 115쪽과 9장 「이터레이션 관리: 구현하기」 146쪽에서 더 자세히 이야기해 보도록 하자.

애자일 UX 디자이너

사랑해요. 고객님

"고객의 입장에서 생각한다는 건
멋진 일인 것 같아요"

여러 가지 도구나 기법을
사용해서 편리한 사용자 경험을
할 수 있도록 한다.

페르소나　　　　스토리 보드

사용자 스토리를 분석할 때 도움되는 부분

페이퍼 프로토타입　　　콘셉트 디자인

UX 디자이너들은 사용자들이 소프트웨어를 쉽고 편하게 사용할 수 있도록 하는데 초점을 둔다. 사용성usability을 향상시키고자 하는 이런 UX 전문가들은 고객이 진정 필요로 하는 것이 무엇인지를 이해하려 하고, 다른 팀원들과 함께 이를 어떻게 전달할 수 있을지 고민한다.

다행히도 UX 전문가들이 사용하는 실천법들은 애자일과 일맥상통하는 경우가 많다. 가치에 초점을 맞춰, 빠른 피드백과 최고의 제품을 전달하는데 주력하는 것은 UX와 애자일 커뮤니티가 공통으로 추구하는 것들이다.

또한 UX 디자이너는 다른 팀원보다 너무 앞서 모든 디자인을 다 완성해놓는 식의 과정보다는 개발이 진행되는 동안 주기적으로 조금씩 디자인해 나가는 과정을 부담스러워하거나 꺼리지 않는다.

만약 여러분의 프로젝트에 사용성 분야에 심취한 팀원이나 전문가가 있다면 그건 정말 행운이다. 이들은 프로젝트에 필요한 많은 정보와 지식을 가지고 사용자 경험을 향상시키는 데 도움을 줄 것이다.

이 외의 다른 사람들

그 외에도 중요한 많은 역할이 있다. 데이터베이스 관리자DBAs, 시스템 관리자SAs, 기술 문서 담당자technical writer, 교육 훈련 전문가, 비즈니스를 향상시키고 인프라와 네트워크를 구축하는 사람 등이 바로 이런 사람이다. 이런 역할을 맡는 사람 하나하나는 모두 개발팀의 일원이므로 다른 팀원들처럼 대우해야 한다.

스크럼에는 스크럼 마스터라는 역할이 있는데 애자일 코치와 스타급 프로젝트 관리자를 합쳐놓은 것 같은 역할이라고 할 수 있다. 애자일 코치라는 역할은 새로운 팀을 구성해 일할 때 많은 도움이 된다. 이들은 애자일 원칙이나 철학을 설명해 주고, 팀원들이 자기도 모르게 예전에 하던 방식으로 돌아가려는 것을 방지해주는 역할을 한다. 어떻게 좋은 코치가 될 수 있는지 더 궁금하다면, 『Agile Coaching』 [SD09]이라는 책을 읽어보길 바란다.

경험이 많은 팀은 보통 코치를 필요로 하지 않지만, 새로운 프로젝트를 시작할 때 이런 코치가 있다면 크게 도움이 될 것이다.

마지막으로, 앞에서 소개한 역할들을 팀원들에게 설명할 때 다음과 같은 사실을 꼭 알려주도록 하자. 바로 애자일 프로젝트에서는 한 사람이 여러 가지 역할을 맡을 수도 있다는 사실을 말이다.

애널리스트는 개발자가 고객과 직접 이야기해도 괜찮다는 것을, 테스터에게는 개발자가 자동화 테스트automated test를 많이 작성하게 되리라는 것을 인지시켜야 한다. 또한 프로젝트에 UX 전문가가 없다고 해서 사용성이나 디자인에 아예 신경 쓰지 않는 게 아니라 팀의 누군가가 그 역할을 맡아서 해야 한다는 뜻이다.

자, 그럼 팀의 구성원을 찾을 때 고려해야 할 사항들에 대해 알아보자.

2.4 애자일 팀을 구성할 때 알아야 할 팁

대부분의 사람들이 높은 수행능력을 보이는 애자일 팀에서 일하는 것을 즐기겠지만, 좋은 팀원을 찾을 때 고려해야 할 사항이 있다.

제너럴리스트를 찾아라

애자일에서는 스스로 기회를 찾아 일하기를 권하기 때문에 다방면에 조예가 깊은 사람이 잘 적응한다. 개발자라면 프론트 엔드와 백 엔드의 모든 분야의 코딩을 할 수 있는 사람, 애널리스트나 테스터라면 분석이나 테스트를 모두 하는 것에 거부감이 없는 사람이 바로 제너럴리스트이다.

이런 사람들은 자신이 여러 가지 역할을 맡을 수 있는 기회를 즐긴다. 어쩌면 하루는 코딩을 하고, 다음 날에는 분석을 하고, 그 다음날에는 테스트를 할지도 모르는 일이다.

애매모호한 상황을 개의치 않는 사람을 찾아라

애자일 프로젝트에서는 모든 일이 깔끔하게 정리정돈 되어 처리되지 않는다. 모든 요구사항이 준비되어 있는 것이 아니기 때문에 프로젝트를 하는 중에 뭔가 새로운 것을 발견하거나, 계획 또한 수정될 수 있기 때문에 이에 적응하고 변화할 수 있어야 한다.

그러니 변화구가 날아올 때 당황하지 않고 마치 기다렸다는 듯이 이에 대응할 수 있는 사람을 팀원으로 찾아야 한다.

제멋대로 행동하는 사람이 아닌, 팀 플레이어를 찾아라

판에 박힌 이야기라 할지도 모르지만 애자일은 하나의 팀으로 행동하려는 여러 명의 개인이 모여 일할 때 최고의 효과를 발휘한다.

애자일에 존재하는 이런 불분명한 역할들을 모두가 좋아하지는 않는다. 어떤 이들은 자신의 영역을 침범 당하기 싫어한다.

그러니 자신들의 전문분야에 탁월하면서도 다른 팀원들과 이를 나누면서 진정으로 성장하길 원하는 사람을 찾아야 한다.

제자: 스승님, 아직도 전 잘 이해가 가지 않습니다. 애자일 프로젝트에는 미리 정의된 역할이

　　　없다면, 도대체 어떻게 일을 할 수 있다는 거지요?

스승: 해야 할 일이 있다면 그 팀이 완성할 테지.

제자: 하지만 테스터 역할을 맡은 사람이 아무도 없다면 테스트가 충분히 되었다는 걸 어떻게

　　　확신할 수 있겠습니까?

스승: 테스트란 반드시 해야 하는 일이니 그 팀이 나눠 해야 하는 것이다. 얼마나 테스트를 할

　　　지, 그 팀의 여력은 어떠한지는 팀에서 결정할 일이다.

제자: 만약 아무도 테스트를 하지 않으려 하면 어쩌죠? 모두 코딩만 하길 원한다면요?

스승: 그렇다면 테스트를 하고자 하는 열정을 가진 인재를 찾아 팀원으로 만들어야겠지.

제자: 알겠습니다, 스승님. 아무래도 제가 조금 더 고민해봐야 할 것 같네요.

다음 단계는?

이제 여러분은 애자일 프로젝트에서 역할이 뚜렷이 구분되지 않는다는 것, 같은 공간에서 일하는 것이 이상적인 작업환경이라는 것, 팀을 구성할 때 제너럴리스트이면서 불확실한 환경에서도 작업할 수 있는 사람을 찾아야 한다는 것을 알았다.

　이제 여러분은 애자일 프로젝트를 시작하는 가장 중요한 단계 중 하나이지만 대부분의 애자일 방법론에서 언급되지 않았던 '애자일 인셉션'을 배울 준비가 되었다.

　그럼 2부에서는 프로젝트를 성공적으로 이끌려면 프로젝트 초기부터 어떻게 준비해야 하는지, 필요한 사람들이 모두 모였는지 어떻게 확인하는지 알아보자.

Part. II

애자일
프로젝트
인셉션

3장

모두 한 버스에 타는 법

많은 프로젝트들이 제대로 시작도 하기 전에 실패하곤 한다. 이는 대부분 다음과 같은 이유 때문이다.

- 적절한 질문을 하지 못해서
- 물어보기 껄끄러운 질문을 할 용기를 내지 못해서

이번 장에서 우리는 적절한 기대치를 세우기 위해 사용되는 최고의 도구인 '인 셉션 덱inception deck'1이 무엇인지 알아볼 것이다. 인셉션 덱은 소프트웨어 프로젝트를 시작하기 전에 꼭 물어야 하는 10가지 질문으로 구성되어 있다. 인셉션 덱이 주는 효과를 통해 여러분은 코드를 작성하기도 전에 버스에 적합한 사람이 탑승했는지, 과연 이 버스가 바른 방향으로 가고 있는지 알게 될 것이다.

---

1 옮긴이 인셉션(inception)은 어떤 활동이나 단체를 시작, 설립하는 단계라는 사전적 의미를 갖고 있다. 쏘트웍스에서는 인셉션을 프로젝트 초기단계에 고객과 개발팀이 서로를 알아가는 과정을 갖는 일정한 기간(주로 1~2주)을 일컫는데, 이 책에서 소개하는 '인셉션 덱'은 바로 이런 인셉션 기간 중에 사용하는 도구다.

3.1 대부분의 프로젝트가 실패하는 이유

어떤 새로운 프로젝트를 시작하건 간에, 사람들이 생각하는 성공의 의미가 서로 다르게 해석되는 경우가 많다.

그럼 우리 모두 동의한 건가요.　　　오…

　이런 착각은 프로젝트에 매우 치명적이다. 같은 단어나 문장을 사용해서 서로가 원하는 바를 표현했음에도 불구하고, 소프트웨어를 전달할 때쯤 되어서야 서로 생각하던 바가 전혀 달랐다는 것을 깨닫기 때문이다.

　처음부터 모두가 같은 생각을 가지지 않았다는 게 문제는 아니다. 오히려 그건 자연스러운 현상이다. 진짜 문제는 모두의 의견이 일치되지 않은 상태에서 프로젝트가 시작된다는 사실이다.

　이루어진 적이 없는 합의가 이루어졌다고 믿는 성급한 가정이 바로 대부분의 프로젝트가 실패하는 이유다.

　그래서 다음과 같은 것이 필요하다.

- 현명한 선택을 하기 위해 목표, 비전, 프로젝트의 현재 상태에 대해 다른 팀원들과 소통하기
- 이해관계자가 적절한 결정을 내릴 수 있도록 프로젝트에 관해 그가 알아야 할 만한 정보 제공하기

이렇게 하면 어떨까요…　　　아!

이와 같이 하기 위해서는 부담스럽더라도 필요한 질문을 꼭 해야만 한다.

3.2 껄끄러운 질문하기

나는 쏘트웍스^{ThoughtWorks}의 최고 세일즈 컨설턴트 중 한 명인 키드 더즈^{Keith Dodds}와 일할 기회가 있었다. 그가 내게 가르쳐준 많은 것 가운데 하나가 바로 인게이지먼트^{engagement2}나 세일즈 초반에 어려운 질문을 하라는 것이다.

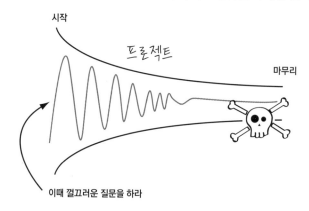

어떤 인게이지먼트나 프로젝트 초기에 질문을 하면 그게 무엇이든 별로 잃을 게 없다. 아래 주관식 질문을 보라.

- 팀의 프로젝트 경험이 얼마나 됩니까?
- 이런 작업을 해본 적이 있습니까?
- 예산은 얼마나 배당되어 있나요?
- 프로젝트는 누가 지휘합니까?
- 애널리스트 둘에 개발자가 서른 명 있다는 데 문제가 없을까요?
- 객체 지향^{object-oriented} 언어를 사용해 본 경험이 없는 주니어 개발자들로 이루어진 팀으로, 애자일 방법론을 사용해서 레거시 메인 프레임^{main frame} 시스템을 루비온레일스^{Ruby on Rails}로 재구축해 본 적이 있습니까?

애자일 프로젝트를 이와 같은 접근방식으로 시작 해보자. 껄끄러운 질문들은 오히

---

2 옮긴이 인게이지먼트(engagement)는 고객과의 좋은 관계를 유지하고 서로를 더 잘 알아가기 위해 하는 활동을 일컫는데, 이는 프로젝트가 시작하기 전/후를 포함하여 프로젝트가 진행 중일 때도 지속적으로 일어난다. 현재 그 고객과 프로젝트를 하고 있지 않더라도 인게이지먼트는 언제든 진행될 수 있는 일이다.

려 초기에 솔직하게 물어봐야 한다. 그리고 여러분이 조금이나마 이런 질문을 쉽게 할 수 있도록 하는 도구가 바로 '인셉션 덱'이다.

3.3 인셉션 덱

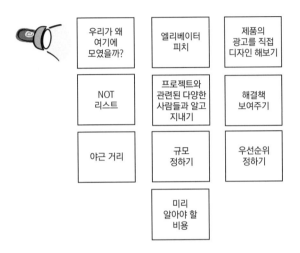

애자일 프로젝트에 깔린 안개를 걷어줄 전조등 역할을 하는 인셉션 덱은 프로젝트를 시작하기 전에 반드시 물어야 하는 열 개의 까다로운 질문으로 이루어져 있다.

쏘트웍스에서는 프로젝트를 정의하는 단계project chartering에서 익스트림 프로그래밍XP이나 스크럼에서는 거의 언급되지 않은 인셉션 덱을 사용한다. 6개월간 오로지 요구사항 만을 분석하고 수집하는 것이 적합하지 않다는 것은 알았지만 딱히 쉽게 접근할 수 있는 대안이 없었을 때, 로빈 기반스Robin Gibbons는 바로 이 점에 착안해 빠르고 가벼운 방법으로 프로젝트의 핵심을 파악하고, 프로젝트에 관계된 모든 사람이 쉽게 소통할 수 있도록 인셉션 덱을 만들었다.

3.4 어떻게 사용하는가

인셉션 덱은 '프로젝트와 관련이 있는 사람들을 모아, 모든 사람들이 프로젝트에 기대하는 바가 동일하도록 서로 적절한 질문을 통해 생각을 공유한다면 프로젝트가 성공할 확률이 높을 것이다'라는 아이디어에서 시작되었다.

앞으로 소개될 여러 가지 활동을 팀원들과 함께 하면서 얻은 결과를 파워포인트와 같은 슬라이드에 담아놓는다면, 이 프로젝트는 과연 무엇을 위한 것인지, 하지 말아야 할 일에는 어떤 것이 있는지, 소프트웨어를 전달하려면 무엇이 필요한지 더욱 잘 파악할 수 있을 것이다.

프로젝트와 직접 관련되었다면 누구나 인셉션 덱에 참여할 자격이 있다. 고객, 이해당사자, 팀원, 개발자, 테스터, 애널리스트 등 프로젝트가 효과적으로 운영되도록 도움을 주는 모든 사람을 포함한다.

이 과정에 이해당사자를 포함시키는 게 매우 중요한데, 인셉션 덱은 우리를 도와주는 도구일 뿐만 아니라 이해당사자가 프로젝트와 관련한 중요사항을 결정할 때 핵심적인 역할을 하기 때문이다.

전형적인 인셉션 덱은 며칠에서 2주 정도 소요된다. 이 기간은 약 6개월 기한의 프로젝트 계획을 세우기에 적당하다. 그리고 이때 세운 계획은 어느 때고 프로젝트의 방향이나 목표에 중요한 변화가 생기면 수정해야 한다.

인셉션 덱에서 나온 결과물들은 예쁘게 적어 책상에 쌓아놓는 장식용이 아니라 살아 숨쉬는 산출물artifact이기 때문이다. 그러니 인셉션 덱이 끝난 후에는 이를 통해 얻은 정보를 벽에 붙여놓고, 우리가 무엇을 왜 만드는지 항상 상기시키도록 해야 한다.

이곳에 소개된 질문과 여러 가지 활동 들은 그저 시작일 뿐이다. 그러니 프로젝트를 시작하기 전에 여러분이 해야 할 질문이나 활동, 분명히 해야 할 부분은 무엇인지 각자 생각해보아야 한다.

여기서 배운 내용을 시작 삼아, 무조건적으로 따라만 하는 것이 아니라 여러분 각자의 상황에 맞게 응용할 수 있게 되길 바란다.

3.5 인셉션 덱의 핵심

다음은 인셉션 덱에 소개된 질문과 활동이다.

1. 우리가 여기 왜 모였는지 물어보라.

이 질문은 우리가 모인 목적이 무엇인지, 우리의 고객은 누구인지, 왜 이 프로젝트를 하기로 했는지를 상기시켜 줄 것이다.

2. 엘리베이터 피치^{elevator pitch}를 만들라.

30초간 단 두 문장으로 프로젝트를 설명해야 한다면, 여러분은 어떻게 얘기하겠는가?

3. 제품의 광고를 디자인 하라.

잡지를 보다가 우연히 우리의 제품이나 서비스의 광고를 보았다면, 무슨 말이 써 있겠는가? 당신이 소비자라면 구매하겠는가?

4. NOT 리스트를 작성하라.

우리가 이 프로젝트에서 무엇을 해야 하는지는 이제 분명하다. 그럼 이제 뭘 하지 말아야 하는지 알아보자.

5. 프로젝트와 관계된 다양한 사람들과 알고 지내자.

프로젝트와 관련된 커뮤니티는 항상 우리가 생각하는 것보다 크다. 그들을 초대해 커피라도 마시면서 자기소개를 해보면 어떨까?

6. 해결책을 보여주라.

기술적인 아키텍처의 청사진을 보여주면서 과연 모두가 같은 생각을 하고 있는지 확인해보자.

7. 미리 야근 거리가 될 만한 것을 찾아보자.

프로젝트를 하다보면 터무니없이 해결하기 힘든 문제도 생기기 마련이다. 하지만 이런 상황을 어떻게 피할 것인지 팀원들과 함께 논의해 나간다면 최소한 문제가 덜 힘들게 느껴질 것이다.

8. 규모를 정하라.

이 프로젝트는 과연 얼마나 걸릴까? 3개월? 6개월? 9개월?

9. 우선순위를 파악하라.

시간, 범위, 비용, 품질 등 프로젝트에서 중요하지 않은 것은 없다. 그렇다면 지금 상황에서 가장 중요한 것과 가장 덜 중요한 것은 무엇인가?

10. 기회비용이 무엇인지 파악하라.

이 프로젝트는 얼마나 걸릴까? 비용은 얼마나 들까? 어떤 팀이 필요한가?

앞으로 두 장에 걸쳐 인셉션 덱에 관해 이야기할 것이다. 4장 「크게 보기」에서는 '왜 인셉션 덱을 사용해야 하는가'에 대해, 5장 「실현 방안」(59쪽)에서는 '인셉션 덱을 어떻게 사용하는가'를 살펴보겠다.

자, 그럼 '왜'라는 질문부터 대답해 볼까?

크게 보기

소프트웨어는 디자인, 건축, 예술, 과학이 모두 합쳐진 독특한 활동 중 하나다. 팀원들은 하루에 수천 개에 달하는 선택을 해야 한다. 그렇기 때문에 맥락을 이해하지 못하거나 현재 일어나는 상황을 큰 그림 안에서 이해하지 못하면 바른 선택을 할 수가 없다.

인셉션 덱의 반은 왜 우리가 이 프로젝트를 하려는지 이해하기 위해 다음과 같은 질문을 한다.

- 우리는 왜 여기 모였는가?
- 이 프로젝트의 엘리베이터 피치elevator pitch는 무엇인가?
- 우리 제품을 광고한다면 어떻게 얘기할까?
- 우리가 하지 말아야 하는 것은 무엇일까?
- 프로젝트 관계자 중 우리가 알아두어야 할 사람은 누구인가?

이 장을 다 읽었을 때쯤 여러분은 프로젝트가 달성하고자 하는 목표는 무엇인지, 우리는 왜 이 소프트웨어를 개발하려고 하는지 명확히 이해하게 될 것이다. 그리고 덕분에 보다 신속하고 분명하게 다른 사람들과 소통할 수 있게 될 것이다.

그럼 그러기 전에 먼저, 스폰서^{sponsor}에게 우리가 왜 이곳에 모였는지 물어보도록 하자.

4.1 질문하라: 우리는 왜 여기 모였나요?

프로젝트가 성공하려면, 개발을 시작하기 전에 왜 그것을 개발하는지 이해해야 한다. 그 이유를 이해하면, 팀원들은 다음과 같은 일을 할 수 있다.

- 더 많은 정보를 충분히 고려한 보다 나은 결정
- 서로 대립하는 세력과 트레이드오프^{trade off}의 균형 유지
- 자율적으로 생각하고 판단하는 능력으로 혁신적인 해결책 모색

이와 같은 일들은 결국 여러분이 프로젝트의 주인인 고객의 의도가 무엇인지 파악하고, 직접 보고 들을 때 가능해진다.

직접 가서 보고 배우라

우리가 왜 여기 모여 이 프로젝트를 해야 하는지 머리로만 이해하는 것과 온몸으로 체험해서 이해하는 것은 천지차이다. 마찬가지로 고객의 머릿속이 어떤 생각이나 고민으로 가득 차 있는지, 이들이 정말 필요로 하는 게 무엇인지 이해하기 위해서는, 고객이 처한 상황을 직접 가서 두 눈으로 확인해 봐야 한다.

도요타: 직접 가서 보고 배워라

제프리 라이커[Jeffrey Liker]의 탁월한 저서 『The Toyota Way』[1]에는 2004년 도요타 시에나 Sienna의 최고 엔지니어[chief engineer]가 북아메리카 소비자를 겨냥해 시에나를 재디자인하는 임무를 맡았을 때의 이야기를 소개하고 있다. 최고 엔지니어와 팀원들은 북아메리카 사람들이 차를 어떻게 이용하며 생활하고, 일하며 여가를 즐기는지 이해하기 위해서, 시에나를 끌고 미국 내 모든 주와 캐나다, 멕시코를 방문했다.

그리고 그는 다음과 같은 정보를 발견했다.

- 북아메리카 운전자들은 상대적으로 운전거리가 짧은 일본 운전자들보다 차에서 더 많이 먹고 마신다. 모든 도요타 시에나에 받침대와 컵 홀더가 설치된 이유가 바로 이런 사실 때문이다.
- 캐나다의 도로는 미국보다 언덕이 높고 꼭대기가 활처럼 휘어있기 때문에 운전을 하다가 '드리프트drift[2]를 조절하는 것이 매우 중요하다.
- 사방에서 불어오는 온타리오의 거센 바람으로 인해, 측면에서 부는 바람에 대한 차의 안정성 문제가 심각하게 고려할 사항으로 부각되었다. 여러분이 거센 바람이 부는 곳에서 새로 나온 시에나를 운전해 본다면, 예전보다 훨씬 더 안정적이고 다루기 편하다는 것을 알게 될 것이다.

이 엔지니어는 아마도 이와 같은 사실들을 보고서를 통해서도 접할 수도 있었겠지만, 그랬다면 자신이 직접 경험해서 느꼈던 것과 같은 차원에서 이해하지는 못했을 것이다.

---

1 옮긴이 번역서로 『도요타 방식』(가산출판사, 2004)이 있다.
2 옮긴이 드리프트란 운전자가 일정한 속도를 유지하며 차의 방향을 조절할 수 있어 균형을 잡도록 도와주는 기술이다.

직접 체험해본다는 것은 여러분이 개발할 시스템이 필요한 곳에 직접 방문해 보라는 것과 같다.

예를 들어, 여러분이 건설회사가 광산에서 사용할 '허가증 발부 시스템permit system'을 만든다면, 직접 그 건설 현장에 가보도록 하자. 안전요원과 이야기도 나눠보고, 트레일러가 어떻게 생겼는지 직접 확인도 해보자. 열악한 조건이나 불안

정한 인터넷, 사방이 막힌 장소에서 일하는 고객의 작업현장을 직접 체험해보고, 여러분이 만들 소프트웨어를 밤낮으로 쓰게 될 그들의 동료들도 만나보라.

이들의 일상에 참여해 궁금한 점은 묻기도 하면서, 여러분의 진정한 고객으로 만들어보자.

지휘관의 의도 파악하기

지휘관의 의도Commander's Intent[1]란 곧 이 프로젝트가 성취하고자 하는 목표나 임무를 정확히 표현한 것이라 할 수 있다. 마치 전쟁터에서 정확한 방향을 향해 공격하도록 도와주는 나침반같이 말이다.

『Made to stick』[HH07]에서 칩 히스Chip Heath와 댄 히스Dan Heath는 사우스웨스트 항공에서 치킨 시저 샐러드를 기내식단으로 추가하려고 여러 의견이 대립하던 상황을 예로 소개하고 있다.

CEO인 허브 켈리허의 본래 취지가 비행기 요금 인하였다는 걸 깨닫고 나니, 메뉴를 추가하는 방식이 적합하지 않다는 결정을 쉽게 할 수 있었다.

지휘관의 의도는 크고 화려하지 않아도 된다. 오히려 정말 간단해서 프로젝트를 하는 동안 집중할 수 있는 것이면 된다.

여기서 핵심은 팀원들 각자가 이 프로젝트를 하기 위해 자신들이 모인 이유가 무엇인지 서로 이야기해 보는 데에 있다. 이런 과정을 통해 프로젝트의 진짜 목적이 무엇인지 이해했다고 생각한다면, 과연 그게 맞는지 고객에게 확인해 보도록 하자.

4.2. 엘리베이터 피치 만들기

서둘러라! 여러분이 지난 3개월간 그렇게 만나고 싶어 한 벤처투자자가 마침 여러분이 타고 있던 엘리베이터에 타는 것이 아닌가! 엘리베이터를 함께 타는 단 30초 동안 이제 막 사업을 시작한 여러분 회사의 아이디어를 멋지게 소개해서 그의 마

---

1 옮긴이: 지휘관의 의도는 1980년대 미군에서 도입한 개념으로, 모든 명령서의 윗부분에 첨가되는 짧은 서술이다. 이것은 계획의 목적과 작전활동의 바람직한 최종 상태를 명시하여 직속 상사로부터 상세한 지시가 없다 하더라도 모든 계급의 병사들이 행동을 취할 수 있도록 해주는 구체적인 지시다.
2 옮긴이 번역서로 『스틱』(웅진윙스, 2009)이 있다.

엘리베이터 피치

- [건설 현장에서 어떤 작업이 이루어지는지 알아야] 하는
- [현장 관리자]를 위해
- [안전에 필요한 작업허가증 발부 시스템(safety work permit system)]인
- [CSWP]는,
- [작업을 할 수 있도록 새로 허가증을 발부하거나, 이를 통해 작업의 진행사항을 추적, 감찰할 수 있다.
- [지금처럼 종이문서로 작업하는 것]과는 달리
- 우리 제품은 [웹에 기반을 두고 있어 언제 어디서든 사용이 가능하다].

WAR STORY 프로젝트를 진행하는 이유는 다양하다

최근 새로 생긴 부서가 사용할 청구시스템을 개발하게 된 팀과 함께 '엘리베이터 피치'를 작성해 보는 실험을 하다가 깜짝 놀란 적이 있다. 각자 프로젝트를 하는 이유에 대해 너무나 다양한 의견을 가지고 있었기 때문이다.

어떤 이는 종이를 절약하기 위해 청구서 분량을 줄이는 것이 목적이라 했고, 어떤 이는 청구 작업을 단순화해서 콜센터의 작업량을 줄이는 것이 목적이라고 했다. 또 어떤 이는 고객에게 더 많은 제품과 서비스를 팔기 위해 마케팅 캠페인을 벌이기 위한 것이라고 했다.

모두 좋은 대답이었다. 아마 모두가 자신의 의견을 뒷받침해 줄만한 근거를 들 수 있을 것이다. 하지만 우리는 여러 차례에 걸친 토론을 통해 청구 작업을 단순화하여 콜센터의 작업량을 줄이는 것이 프로젝트의 진정한 목표라는 것을 알게 되었다.

음을 사로잡아야 한다. 성공한다면 아이디어를 사업으로 구현하는 발판이 될 것이다. 물론 실패한다면 또 기회가 올 때까지 라면으로 저녁을 때워야겠지만.

'엘리베이터 피치'는 짧은 시간 안에 핵심을 피력하는 방식이다. 이는 벤처사업가를 위한 것만이 아니라, 새로운 프로젝트를 정의하는 데도 많은 도움이 된다. 좋은 엘리베이터 피치는 여러분의 프로젝트에 다음과 같은 영향을 줄 수 있다.

1. 프로젝트의 핵심을 분명히 이해할 수 있다.

만인이 원하는 제품을 다 만드는 대신, 엘리베이터 피치를 이용해 팀원들로 하여금 어떤 제품을 만들지, 누구를 위한 것인지 분명히 파악하도록 할 수 있다.

2. 팀원으로 하여금 고객의 입장에서 생각하도록 한다.

여러분의 제품이 어떤 기능을 하는지, 왜 이런 기능이 좋은지 이해함으로써, 팀원들은 제품의 장점을 파악하고 왜 고객들이 제품을 구매하는지 이해하게 된다.

3. 핵심을 공략한다.

엘리베이터 피치는 불필요한 부분은 생략하고 프로젝트의 핵심만을 집어낸다. 이는 우선순위를 정하고 꼭 필요한 것만 가려내는 데 크게 도움이 된다.

엘리베이터 피치 템플릿

> - [고객이 필요로 하는 사항]을
> - [목표로 하는 고객]에게
> - [제품의 카테고리]인
> - [제품의 이름]은,
> - [제품이 주는 혜택이나 구매해야만 하는 이유]이다.
> - [경쟁사 제품의 기능과 다르게]
> - 우리 제품은 [우리 제품이 가지는 특별한 점]이다.

엘리베이터 피치를 만드는 방법이 하나만 있는 건 아니다. 개인적으로 나는 제프리 무어Geoffrey Moore의 책 『Crossing the Chasm』[2]에 소개된 방법을 좋아한다.

- [고객이 필요로 하는 사항] – 고객이 해결해야 할 문제나 필요로 하는 사항을 설명한다.

---

2 옮긴이 번역서로 『캐즘 마케팅』(세종서적, 2002)이 있다.

- [목표로 하는 고객] – 이 프로젝트가 누구를 위한 것인지 혹은 이를 사용함으로 써 누가 어떤 혜택을 받게 될지 설명한다.
- [제품의 카테고리] – 이 제품이 무엇인지 혹은 제공하는 서비스가 무엇인지 설명한다.
- [제품의 이름] – 제품에 이름을 붙여 프로젝트에 생명을 불어넣자. 제품의 이름은 프로젝트를 하는 궁극적인 의도를 집약적으로 축약한 단어이기 때문에 매우 중요하다.
- [제품이 주는 혜택과 구매해야만 하는 이유] – 왜 이 제품을 사야 하는지 이유를 설명한다.
- [경쟁사 제품의 기능과 다른 점] – 우리가 이미 시중에 존재하는 다른 제품이나 서비스를 사용하지 않는 이유를 다뤄라.
- [우리 제품만이 갖고 있는 특별한 점] – 우리의 서비스가 경쟁사보다 다른 점이나 더 나은 점을 들어 차별화 시켜라. 이런 차별화는 고객이 왜 우리 프로젝트에 투자해야 하는지 역설하기 때문에 매우 중요하다.
- 멋지게 만들어진 이 두 문장의 엘리베이터 피치는 프로젝트의 핵심을 짧은 시간 안에 전달하도록 해준다. 이 제품은 무엇인지, 누구를 위한 것인지, 왜 소비할 가치가 있는지를 말해주기 때문이다.

엘리베이터 피치를 작성하는 방법에는 여러 가지가 있다. 위에 제시된 템플릿을 프린트해서 각자 엘리베이터 피치를 만들어 오도록 하거나, 프로젝터를 통해 스크린에 띄워 멤버들과 같이 고민하면서 각 항목을 채워갈 수도 있다.

자, 엘리베이터 피치를 완성했는가? 그렇다면 이제 여러분의 제품에 어울리는 광고를 디자인해보자.

4.3 제품 광고를 직접 디자인해보자

소프트웨어가 회사에 필요악이 될 때가 가끔 있다. 그래서인지 많은 사람이 규모가 큰 프로젝트에서 생기는 리스크나 불확실성을 감수하는 대신, 차라리 근처에 있는 월마트에 가서 이미 만들어진 것을 사고 싶어 한다.

수십 억이나 되는 소프트웨어를 슈퍼마켓에서 산다는 이야기가 이상하게 들릴 수 있겠지만, 이런 현상은 우리에게 재미있는 질문을 던져준다. 만약 우리 제품을 정말 슈퍼마켓에서 살 수 있다면, 과연 어떻게 생긴 상자에 어떤 모양으로 포장되어 있을까? 내가 소비자라면, 과연 우리 제품이 사고 싶을까?

제품 광고를 제작하는 것, 누가 왜 이 제품을 살지 스스로에게 묻는 이 과정은 우리 제품이 고객에게 끌릴만한 점이 무엇인지, 이 제품만이 가진 남다른 기능은 무엇인지 생각하게 해 줄 것이다. 이 두 가지 질문은 여러분이 개발을 하는 동안 꼭 염두에 두어야 한다.

어떻게 디자인하지?

이쯤이면 여러분이 지금 어떤 생각을 하고 있을지 대략 알 것 같다. "전 창의적이지 않아요. 광고를 전공한 것도 아니고요. 제가 광고를 만든다는 건 정말 말도 안 되는 이야기라고요."

1단계: 제품이 제공하는 혜택이 무엇인지 브레인스토밍하라

제품의 기능을 고객에게 일일이 설명하려는 바보 같은 짓은 절대 하지 말자. 고객은 그런데 관심이 없다. 고객이 정말 알고 싶어 하는 것은 과연 이 제품이 자신의 삶의 질을 더 낫게 할 수 있는지에 있다. 자신에게 어떤 혜택이 올 것인지 알고 싶어 한다는 뜻이다.

예를 들어, 여러분이 어떤 가족에게 미니밴을 사도록 권유한다고 가정해보자. 그들에게 미니밴이 가진 기능을 일일이 열거하면서 설명하겠는가 아니면 이 미니밴이 그들의 삶에 어떤 변화를 줄 수 있을지 이야기 하겠는가.

기능 **혜택**

기능	혜택
• 245마력 엔진	• 부드럽고 쉬운 고속주행
• 크루즈 컨트롤	• 저렴한 연비
• 안티록 브레이크	• 사랑하는 가족이 탑승한 차를 부드럽고 안전하게 멈출 수 있는 브레이크

어떤 기능이든 기능 자체보다는 이를 통해 고객이 얻을 혜택이 무엇인지를 설명하라!

차이점이 보이는가?

제품의 광고를 만드는 첫 단계는 사람들이 이 제품을 사고 싶어 하는 이유가 무엇인지 팀원들과 고객이 함께 브레인스토밍하는 데서 시작한다. 그렇게 브레인스토밍 과정에서 나온 결과 중 제일 중요하다고 생각되는 세 가지 이유를 선택해보자.

2단계: 슬로건 만들기

좋은 슬로건은 단 몇 개의 단어만으로 많은 의미를 전달한다. 아래와 같은 슬로건은 그 자체로 어떤 회사를 상징하는지 나타내기 때문에 굳이 내가 설명할 필요가 없는 것처럼 말이다.

- 페덱스 - 페덱스라면 가능합니다.
- 대한항공 - Excellence in Flight.
- 스타벅스 - 매 순간을 보상받을 가치가 있는 나의 일상

이 슬로건이 어떤 느낌을 표현하고자 했는지 느껴지는가?

여러분이 이처럼 전문가 수준의 슬로건을 만들어야 하는 건 아니니, 너무 긴장하지 말기 바란다. 이제 팀원들을 모아놓고 십여 분 간 브레인스토밍을 해보라. 여러분도 몰랐던 창의력을 마음껏 이용하면서 즐겁게 말이다. 하지만 슬로건이 너무 가볍거나 장난스러워서는 안 된다는 것은 기억하라.

3단계: 상자 디자인하기

여기까지 잘 따라와 주었다. 이제 거의 다 왔다. 제품을 사야 하는 세 가지 이유와 사람들의 시선을 사로잡을 멋진 슬로건을 만들었으니, 이제 다음 단계로 나갈 준비가 되었다.

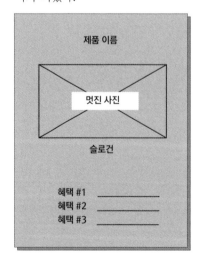

고객이 상점에 들어와 선반에 놓인 여러분의 제품을 본다고 상상해보자. 고객이 이 제품을 집어 상자에 쓰인 글을 읽고서는 당장 10개라도 구매하고 싶다는 마음이 든다고 말이다.

자, 바로 그 상자를 디자인해보자!

모나리자와 같이 섬세하고 멋진 작품을 만들어야 한다는 걱정은 하지 않아도 된다. 종이, 색연필, 포스트잇처럼 주위에서 쉽게 찾을 수 있는 것을 이용하면 된다. 슬로건을 강조하고, 이 제품을 통해 어떤 혜택을 얻을 수 있는지 보여주자. 15분 동안 여러분이 만들 수 있는 최고의 디자인을 만들어보라.

어떤가? 생각보다 쉽지 않은가? 이렇게 색연필로 제품을 직접 그려보는 경험은 매일 찾아오는 기회가 아니니 마음껏 즐겨보자. 이건 팀 빌딩에 좋을 뿐만 아니라 소프트웨어 개발 이상의 것, 즉 우리가 같이 모여 개발을 하고자 하는 '이유'에 대해 생각하게 해주는 아주 유쾌하고도 중요한 경험을 하게 해 줄 것이다.

자, 그럼 이제 프로젝트 범위^{scope}에 적절한 기대치를 정하기 위해 해야 할 것에 대해 알아보자.

4.4 NOT 리스트를 작성하라

범위 내	범위 외
• 새 허가증 작성하기 • 현재 발부된 허가증을 업데이트/인식/삭제하기 • 검색하기 • 기본 검색하기 • 프린트하기	• 기존 도로 폐쇄 시스템과 연동하기 • 오프라인에서 이용할 수 있게 하기
미해결	
• 잘 짜인 트랙(track)을 이용해 통합하기 • 보인카드 인식 시스넴	

프로젝트 범위에 대한 적절한 기대치를 정하려고 할 때, '하지 않을 것'이 무엇인지 정확히 아는 게 무엇을 '할 것'인지 아는 것만큼 중요하다.

NOT 리스트를 작성하면 어떤 것이 프로젝트 범위에 포함되는지, 혹은 포함되지 않는지 분명히 알 수 있다. 팀원과 고객 들을 한자리에 모아놓고 앞으로 만들 소프트웨어가 대략 어떤 기능을 제공했으면 좋겠는지 브레인스토밍 해보도록 하자.

범위 내	범위 외
꼭 해결해야 하는 중요한 문제들	있으면 좋지만 무리할 필요 없는 사항들
미해결	
조금 더 생각해 봐야 할 것들	

'범위 내' 항목에는 프로젝트를 할 때 초점을 맞춰야 할 사항들을 적는다. 이 프로젝트에서 꼭 해결해야 하는 중요한 사항들이어야 하지만 아직 구체적이진 않아도 괜찮다.

'범위 외' 항목은 하지 않아도 괜찮은 사항들을 적는다. 다음 릴리스로 연기해도 무리가 없거나 이 프로젝트에서는 도저히 해결할 수 없는 사항들이 이 항목에 포함된다. 지금으로서는 우선 이 항목에 나열된 사항에 대해 걱정하지 말도록 하자.

'미해결' 항목은 더 고민해 보고 결정을 내려야 할 사항들을 나열해 놓은 리스트인데, 대부분의 소프트웨어 프로젝트의 현실을 반영해주는 아주 중요한 섹션이다. 이 리스트는 여러 다른 사람들에게 각기 다른 의미를 부여할 수 있는데, 바로 이 점이 우리가 가장 우려해야 할 부분이다. 미해결 항목에 있는 아이템들은 가능한 한 모두 범위 내나 범위 외로 옮기도록 해야 한다.

이렇게 시각적으로 분류하면 좋은 점은 단시간에 프로젝트에 관해 많은 것을 파악할 수 있기 때문이다. 범위 내 항목을 왼쪽에, 범위 외 항목을 오른쪽에 놓고, 미해결 항목은 아래에 놓은 다음, 모두가 다 볼 수 있는 곳에 붙여놓자. 이제 모든 사람이 한눈에 이 프로젝트의 범위가 무엇인지 분명히 알 수 있을 것이다.

4.5 프로젝트와 관련된 다양한 사람들과 만나라

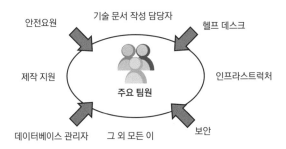

좋은 이웃을 둔다는 것은 아주 친한 친구가 있는 것과 비슷하다. 문이 잠겨 집에 들어가지 못해 난감할 때, 혹은 당장 집에 연장이 필요할 때 이들은 가까이서 우리를 도와줄 수 있다. 나 또한 내 이웃이 무선 인터넷을 설치할 줄 몰라 할 때 도와줄 수 있다면, 괜스레 기분이 좋아진다.

믿을지 모르겠지만, 여러분의 프로젝트 주위에도 이런 이웃, 즉 여러분의 프로젝트와 관련된 다양한 사람들이 있다. 이들은 여분의 키나 연장을 빌려주는 대신, 데이터베이스를 관리하거나 보안 검사 네트워크가 잘 돌아가도록 유지해주는 역할을 한다.

WAR STORY 백만 불짜리 질문

제법 규모가 큰 캐나다 유틸리티 회사와 인셉션 덱을 하고 있을 때였다. 어느 날 부사장이 내게 와서는 이번에 새로 개발하는 시스템을 이미 존재하던 메인 프레임 시스템과 어떻게 통합할 것인지 물어왔다.

순간 정적이 흘렀다. 이 프로젝트의 실질적인 물주이자 프로젝트의 성공에 책임을 져야 하는 부사장이 새로운 시스템은 이미 존재하는 시스템과 통합되는 것이 아니라 그 시스템을 완전히 대체할 것이라는 사실을 전혀 모르고 있었던 것이다.

이건 NOT 리스트를 없애버렸기 때문에 야기된 사건이나. NOT 리스트가 있었다면 프로젝트에 관한 중요한 기대치를 프로젝트가 시작한 후에 재정비 하는 일은 없었을 텐데 말이다. 이같이 기내지를 재정비하는 작업은 최대한 빨리하는 게 프로젝트가 한참 진행되었을 때 하는 것보다 낫다.

이런 사람들을 만나면서 친분을 쌓다 보면 앞으로 여러분이 프로젝트를 하는 동안 훨씬 수월한 시간을 보낼 수 있을 것이다. 그러기 위해서는 뭔가 필요할 때만 얄밉게 도움을 청하는 사람이 아니라, 평소에 친절하게 인사도 하고 안부를 물으며 지내야 할 것이다. 그러다 보면 성공하는 프로젝트 커뮤니티의 가장 중요한 기반인 '신뢰'를 쌓을 수 있을 테니 말이다.

나의 첫 실수

누구나 실수하기 마련이다. 내 가장 큰 실수는 쏘트웍스^{ThoughtWorks}에서 팀 리더로 마이크로소프트와 함께 일할 때였다.

나는 프로젝트의 커뮤니티가 다음과 같다고 생각하며 프로젝트를 진행했다.

얼마 동안은 아무 문제도 없었다. 우리 팀은 애자일을 하며 정기적으로 소프트웨어를 전달하고 있었으니까. 모든 일이 순조롭게 돌아가고 있었다.

그런데 프로젝트가 끝나갈 무렵 이상한 일이 생기기 시작했다. 프로젝트를 하는 동안 한 번도 본적 없는 사람들이 갑자기 나타나서는 우리에게 말도 안 되는 요구를 하기 시작하는 게 아닌가.

• 어떤 그룹은 아키텍처를 검토해 보고 싶다고 했다. (마치 우리가 만든 아키텍처에 문제가 있는 것처럼 말이다!)
• 어떤 이들은 우리가 사내 보안 정책을 따르고 있는지 확인해 보고 싶다고 했다. (헐~!)
• 또 다른 이들은 우리가 작성한 문서를 검토해 보고 싶다고 했다. (도대체 어떤 문서를 말인가?)

이들은 도대체 누구였을까? 이 사람들은 갑자기 어디에서 나타나 우리 프로젝트를 망치려는 것인가 말이다?!

여섯 명의 작은 프로젝트 커뮤니티였던 우리는 하룻밤 만에 그 몸집이 훨씬 불어나버렸다.

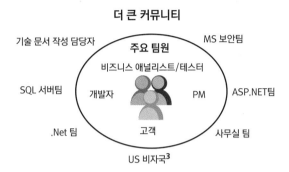

더 큰 커뮤니티

일정에까지 영향을 미치게 되자 그 사람들을 탓하고 싶었지만, 사실 진짜 문제는 내가 프로젝트의 커뮤니티가 원래 생각했던 정도보다 더 크다는 사실을 미처 깨닫지 못한 것이었다.[4]

여러분은 프로젝트 커뮤니티에 누가 있는지 잘 헤아려서, 그 사람들이 필요할 때가 오기 전에 친분을 쌓아가기 바란다. 그러면 정말 도움이 필요할 때가 왔을 때, 도움을 받기가 훨씬 수월할 테니 말이다.

어떻게 하나요?

프로젝트를 출시하기 전에 팀원들과 함께 과연 이 프로젝트와 관련되어 있는 사람들이 누군지 브레인스토밍 해보자. 회사에 오랫동안 몸담아서 회사 정책이나 여러 가지 속사정을 많이 알고 있는 팀원이 있다면 금상첨화일 것이다.

대략 어떤 그룹의 사람들이 이 프로젝트와 관련 있는지 알았다면, 이제 그들과 대화를 나누고 각 그룹마다 연락 가능한 사람을 만들어 누는 것이 좋다. 프로젝트 매니저, 혹은 팀 내의 누군가가 이렇게 주요 팀원이 아닌 사람들과의 관계를 돈독

---

3 옮긴이 아웃소싱 하거나 외국 인력이 미국에서 일하도록 하는 경우, 이 인력들의 비자를 시간 내에 준비해주는 역할을 하는 부서.
4 『The Blind Men and the Elephant』[Sch03]

히 하는 역할을 맡아야 할 것이다. 그럼 이런 관계를 더 잘 유지하고 그룹 간의 관계를 융화시키려면 어떻게 해야 하는지도 고민해 볼 수 있을 것이다.

커피, 도넛 그리고 신뢰

누군가를 알아가는 데 향기로운 커피와 달콤한 도넛만큼 좋은 게 있을까 싶다.

커피를 마시는 동안 그 사람은 향기롭고 따뜻한 커피 잔에서 전해지는 따뜻함을 느끼고, 도넛을 먹는 동안에는 달콤한 설탕이 온몸에 퍼지는 것을 느끼면서 자신도 모르게 커피의 따뜻함과 도넛의 달콤함을 당신과 연결시키게 되기 때문이다.

하지만 진정 누군가와 좋은 관계를 형성하는 데 가장 중요한 것이 있다면 그건 바로 '신뢰'다.

누군가에게 진심으로 고마움을 전하고 싶다면, 마음 속 깊은 곳에서 우러나는 마음으로 해야 한다. 아부하듯 기분 좋은 말로 사람의 마음을 사려해봐야 금방 티가 나기 때문이다. 하지만 마음에서 우러나온 고마움과 진실함은 여러분이 사람들과 더욱 가까워질 수 있도록 해 줄 것이다. 그리고 여러 사람들과 쌓은 이런 관계는 여러분의 프로젝트가 성공하는데 더욱 도움이 될 것이다.

더 큰 커뮤니티

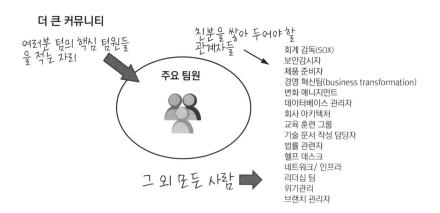

여러분 팀의 핵심 팀원들을 적는 자리

주요 팀원

친분을 쌓아 두어야 할 관계자들

그 외 모든 사람

회계 감독(SOX)
보안감시자
제품 준비자
경영 혁신팀(business transformation)
변화 매니지먼트
데이터베이스 관리자
회사 아키텍처
교육 훈련 그룹
기술 문서 작성 담당자
법률 관련자
헬프 데스크
네트워크/ 인프라
리더십 팀
위기관리
브랜치 관리자

제자: 선생님, 말씀해주신 활동들은 스폰서나 이해당사자에게 많은 시간을 할애하도록 요구하는데, 만약 스케줄이 너무 바빠서 그들이 이런 질문에 일일이 답하지 못한다면 어쩌죠?

스승: 축하해야 할 일이다. 방금 넌 네 프로젝트의 최대 리스크가 무엇인지를 파악했으니 말이야.

제자: 리스크라니요? 무슨 말씀이세요?

스승: 고객의 참여. 즉 프로젝트에 적극적으로 참여할 수 있는 고객이 없다면, 설령 프로젝트가 아직 시작하지 않았더라도, 이미 그 프로젝트에 큰 문제가 있다는 뜻이란다. 고객이 네게 왜 그들의 소프트웨어를 만들어야 하는지 말해주지 않는다면, 아마 그 소프트웨어는 만들 필요조차 없다는 뜻일 수 있다는 얘기지.

제자: 그렇다면 프로젝트를 그만두어야 한다는 말씀이신가요?

스승: 프로젝트가 성공하려면 고객과 이해당사자의 참여가 꼭 필요하다는 뜻이란다. 그들의 참여 없이는 오도 가도 못하는 상태에 빠지기 때문이지.

제자: 그럼 어떡하죠?

스승: 네 고객에게 프로젝트를 성공시키기 위해선 그들의 적극적인 참여가 불가피하다는 사실을 분명히 알려주어야 한다. 어쩌면 그 고객이 정말 바빠서 그런 시간을 내어줄 수 없을지도 모르지. 그렇다면 그들에게 그런 시간이 나면 다시 찾아달라고 하거라. 넌 기다리고 있겠다고 말이야. 그 와중에 넌 프로젝트에 적극적으로 참여할 수 있는 다른 고객을 위해 일하면 되는 거야.

제자: 그렇군요. 감사합니다. 선생님. 조금 더 고민해 볼게요.

그럼 다음 단계는?

다음 단계를 알아보기 전에, 잠시 멈추고 크게 숨을 들이마셔 보자.

뭔가 느껴지는가?

여기 지금 무슨 일이 일어나고 있는지 알겠는가?

인셉션 덱의 단계를 하나씩 실행하면서, 프로젝트의 정신spirit과 범위가 더욱 분명해졌다.

- 이제는 프로젝트를 하는 이유가 무엇인지 분명히 알고 있다.
- 제품을 멋지게 표현한 엘리베이터 피치를 갖고 있다.
- 제품이 어떻게 포장, 광고될 것인지 알고 있다.
- 무엇이 프로젝트 범위 안에 포함되는지 알고 있다.
- 이 프로젝트에 관련된 사람들이 누구인지 잘 파악하고 있다.

'이제 이론은 충분하니까, 소프트웨어를 어떻게 만드는지 알아보죠?'라고 하는 소리가 들리는 것 같다. 좋다. 그럼, 지금 당장 시작해보자.

다음 페이지, 5장 「실현 방안」에서는 여러분 프로젝트에 필요한 기술적인 해결 방법이 대체 어떻게 생긴 것인지 시각화 해보고, 어떻게 구현해야 하는지 알아볼 것이다.

자, 다음 장으로 넘어 가볼까?

실현 방안

지금까지 우리가 '왜' 여기에 모였는지 이야기해 보았으니, 이제는 우리의 목표를 '어떻게' 이룰 것인지 이야기 해보자. 이 부분의 인셉션 덱은 우리의 해결책을 더 구체적으로 들여다보게 해줄 것이다.

이번 장에서는 다음과 같은 것을 해보려고 한다.

- 기술적인 해결책 제시
- 리스크 발견
- 규모 산정
- 우선순위 결정
- 스폰서에게 프로젝트 소요 비용 제시

그럼, 먼저 현실적인 해결책을 찾아보자.

5.1. 해결책을 보여주라

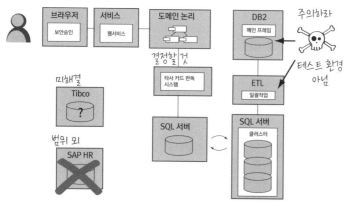

기술적 아키텍처

해결책을 시각화하면 우리가 기술적으로 성취하려는 것이 무엇인지 한눈에 파악하고, 모두가 이 해결책에 동의하는지 확인하는데 큰 도움이 된다.

모두가 있는 자리에서 여러분이 생각하는 해결책에 관해 이야기하면 이로운 점이 많다.

• 어떤 도구나 기술을 사용할지 추측할 수 있다.
• 프로젝트의 제약사항이나 범위를 시각화해 볼 수 있다.
• 리스크에 대해 상의해 볼 수 있다.

이미 모두가 여러분이 제시한 해결책에 동의했다고 생각할지라도, 모두가 볼 수 있는 곳에 해결책을 붙여두라. 최악이라고 해봤자 모두가 이 사실을 안다는 걸 확인하는 정도겠지만, 원래 생각했던 해결책이 아닌 것에 베팅하는 일은 피할 수 있을 테니 말이다.

어떻게 하나요?

기술을 담당하는 팀원들과 함께 어떻게 개발할지에 대해 이야기해보라. 아키텍처를 보여주는 다이어그램을 그리거나, '만약 이렇다면……?'과 같은 시나리오를 짜

망치를 쥔 사람에게는 모든 것이 못으로 보이기 마련이다.

비슷한 원리로, 데이터베이스 관련 기술이 뛰어난 팀은 대부분의 과제를 SQL로 해결하려 하고, 객체지향 설계 기술이 뛰어난 팀은 설계가 조금 복잡해지더라도 이를 통해 문제를 해결하려 한다.

결국 여러분이 어떤 팀을 선택하느냐에 따라 어떤 아키텍처를 사용할지가 대략 정해진다.

그래서 기술적인 해결책은 가능한 한 빨리 선택하는 것이 중요하다. 그 해결책이 완벽하다거나 모든 미심쩍은 문제에 대한 해답이 다 있어서가 아니라 이런 아키텍처를 수행하기에 적합한 사람을 찾기 위해서다.

보면서 개발할 것이 얼마나 큰지, 혹은 복잡한지 감을 잡도록 말이다.

사용하고 싶은 오픈소스나 프레임워크, 라이브러리가 있다면 어떻게 작동하는지 사용해보거나 서로 잘 작동하는지 시험도 해보자(어떤 회사들은 사용할 수 있는 오픈소스를 제한하기 때문이다).

모두가 볼 수 있게 화이트보드에 다양한 그림을 그려보자. 여러분이 어떻게 이 시스템을 구축하려고 하는지, 어떤 리스크가 예상되는지, 이 방법에 모두가 동의하는지 말이다. 그게 전부다.

5.2 야근 거리

프로젝트의 리스크

- 건설 현장 감독의 프로젝트 참여 가능 여부
- 모든 팀원이 같은 장소에서 일하지 못한다는 점
- 새로운 보안 아키텍처
- 새로운 물류 추적 시스템의 완성 시기

프로젝트가 진행되는 동안 매니저들은 여러 가지 이유로 밤잠을 자주 설친다. 추정값이 너무 현실감 없이 매겨졌다든가, 고객이 갈대처럼 계속 마음을 바꾼다든가 하는 이유로 말이다. 시간과 비용이 허락하는 것보다 해야 할 일은 언제나 턱없이 많다. 이런 것들을 바로 프로젝트 리스크라고 한다.

스스로에게 밤샘 작업을 하는 이유가 무엇인지 물어 본다면, 팀원이 소프트웨어를 전달할 때 만나는 난관과 이를 방지하기 위해 할 수 있는 일에 대해 건설적인 이야기를 할 수 있다.

리스크에 대해 이야기하는 게 뭐가 좋다는 건가요?

대부분의 사람들은 프로젝트 초반부터 리스크에 대해 이야기하는 것을 꺼려한다. 겁쟁이나 비관론자로 보이고 싶은 사람은 아무도 없기 때문이다.

하지만 프로젝트를 성공으로 이끄는 데 필요한 것이 무엇인지 모두가 알도록 하는 데에는 리스크에 대해 이야기를 나누는 방법이 가장 좋다.

'같은 공간에서 일하기'를 예로 들어보자. 소프트웨어 프로젝트에서 한 번도 일해보지 않은 사람이라면 모두가 다 같은 공간에서 일하지 않는 것이 뭐가 그리 중요한 일이냐고 생각할 수도 있다.

하지만 애자일 프로젝트에서는 같은 공간에서 일한다는 사실이 정말 중요하며, 팀이 리스크에 대해 이야기 나눈다면 이 요소가 결과에 미치는 영향을 분명히 확

블룸버그의 리스크

마이클 블룸버그라면 리스크에 관해 한두 가지 정도 할 말이 있을 것이다. 그는 블룸버그 금융회사의 창업자이자 뉴욕 시장으로, 여러 가지 골치 아픈 문제에 부딪쳐 왔다.

마이클은 그의 저서 『Bloomberg by Bloomberg』[BIO01]에서 리스크에 대처하는 자신만의 방법을 소개했다.

1. 잘못될 가능성이 있는 상황을 빠짐없이 다 적어보라
2. 이런 상황이 생기지 않게 하려면 어떻게 해야 하는지 곰곰이 생각해 보라.
3. 이제 그 종이를 찢어버려라.

마이클은 어느 누구도 모든 상황을 다 예측할 수 없을 뿐더러, 설령 예측하더라도 이에 대한 예방책이 절대 완벽할 수 없다고 믿었다. 인생에는 연습이 없고 누구에게든 굴곡이 있기 마련이기 때문이다. 마이클은 그런 사실을 받아들이고 인정하라고 말한다. 리스크는 당신이 이미 아는 것이거나 당신이 죽었다 깨어나도 생각지 못한 일, 이 둘 중 하나일 테니까. 그러니 그때그때 리스크가 발생하는 대로 처리하라.

인하는 기회를 얻게 된다. 즉, 다음의 질문이 모두 참이라면 프로젝트를 성공시킨다는 헛된 약속을 하는 일은 방지할 수 있을 것이다.

• 모든 팀 멤버가 같은 공간에서 일할 수 없다.
• 프로젝트에 참여할 수 있는 고객이 없다.
• 당신에게 개발환경을 직접 통제할 권한이 없다.
• 프로젝트를 성공시킬만한 다른 대안도 없다.

지금이 바로 여러분에게 필요한 사항을 요구해야 할 때다. 원하는 대로 다 얻지 못할 수도 있지만, 최소한 여러분이 건의한 사항이 이행되지 않았을 경우 어떤 리스크가 따를지 모두가 알게 될테니 말이다.

여기 프로젝트의 리스크에 관해 일찍 논의하면 좋은 점들을 더 나열해 보았다.

- **프로젝트를 하는 동안 감수해야 할 문제점들을 일찍 파악할 수 있다.**

  리스크를 논의할 가장 적합한 시기는 바로 프로젝트 '초기'다. 프로젝트가 이미 시작했다면 이미 한발 늦었다. 그러니 만약 문제가 될 만한 것을 알고 있거나 꺼림칙한 부분이 있다면 지금 말하라.

- **'말도 안 돼~'라고 큰소리로 외칠 수 있는 기회를 제공해 준다.**

  인셉션 덱을 하는 동안 도저히 납득할 수 없는 이야기가 나온다면, 지금이 바로 여러분의 의견을 거침없이 말할 기회다.

- **그냥 좋다.**

  나의 두려움을 누군가와 나누고 논의한다는 건 좋은 일이다. 이로 인해 팀원들 사이에 결속력은 강해지고, 서로의 경험으로부터 더 배울 수 있는 계기가 된다.

프로젝트 초반에는 시간이나 비용 등 여러 면에서 여유가 있기 마련이다. 그러니 지금이 기회다. 마음껏 이용하자.

리스크 찾아내기

모든 팀원과 둘러앉아(고객도 포함해서) 이 프로젝트에 생길 만한 리스크가 무엇인지 함께 브레인스토밍해 보자. 이 프로젝트를 하는 동안 여러분은 고객의 손에 쥐어진 값비싸고 소중한 검이다. 고객은 자신의 검을 날카롭게 할 수 있는 게 있다면, 그게 무엇이든 관심을 갖게 될 것이다.

자, 이제 모든 리스크가 적힌 긴 목록이 생겼는가? 그럼 이제 이 리스크들을 '해결할 만한 가치가 있는 리스크'와 '해결하기 힘들거나 하지 않아도 괜찮은 리스크'의 두 종류로 분류해보자.

예를 들어보자. 요즘 경제가 너무 좋지 않아 회사가 파산해서 여러분이 모두 실업자가 될지 모른다고 하더라도, 당장 우리가 그런 상황을 막기 위해 할 수 있는 일은 없다. 그러니 이런 리스크에 괜히 신경 써봐야 아무 소용없다.

하지만 요즘처럼 이직률이 높은 취업시장에서 수석 개발자를 잃는 리스크는 생각해봐야 할 일이다. 그러니 팀 내에 모든 정보가 골고루 나누어지도록 해서, 어느

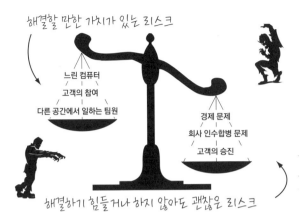

해결할 만한 가치가 있는 리스크

느린 컴퓨터
고객의 참여
다른 공간에서 일하는 팀원

경제 문제
회사 인수합병 문제
고객의 승진

해결하기 힘들거나 하지 않아도 괜찮은 리스크

한 사람만이 한 분야에 전문가가 되어 모두가 그에게만 의존하게 되는 일이 없도록 단계적인 계획을 세워야 한다.

만약 마음이 조급해져 도대체 어떤 문제가 해결할 가치가 있는 것인지 판단이 서질 않는다면, 다음과 같이 되뇌어 보라.

주여,
우리에게 우리가 바꿀 수 없는 것을
평온하게 받아 들이는 은혜와,
바꿔야 할 것을 바꿀 수 있는 용기,
그리고 이 둘을 분별하는 지혜를 허락하소서.

5.3 크기 정하기

대략적인 일정

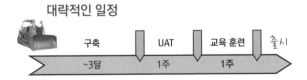

구축   UAT   교육 훈련   출시

~3달   1주   1주

규모 정하기는 이 프로젝트가 과연 1, 3, 6개월 등 과연 몇 달이나 걸리는 프로젝트인지 예측해보려고 하는 것이다. 지금으로써는 정확히 몇 달이나 걸릴지 예측하기 힘들지만, 비록 추측이라 정확하진 않더라도 스폰서에게 언제쯤 소프트웨어가 출시될지 알려주어야 한다.

애자일에서는 어떻게 추정치를 정하는지 7장 「추정치 정하기: 예측하는 기술」에서 더 자세하게 다루겠다. 하지만 이번 장에서는 이미 추정치가 있다고 가정해보자.

그럼, 다음 단계로 가기 전에 잠시 작은 단위로 나누어 생각하는 것이 왜 중요한지 이야기해보자.

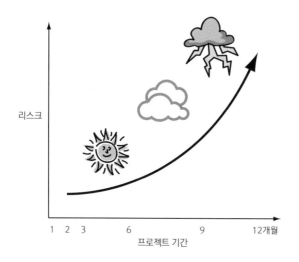

그림 5.1 프로젝트가 실패할 리스크는 시간이 갈수록 커진다

작은 단위로 생각하기

여러분 중에는 모르는 분이 있을지 모르지만, 랜디 모트Randy Mott는 '포춘 500' 세상에서는 슈퍼스타와 같은 인물이다. 랜디는 세계 최대의 도매상점인 월마트의 데이터 웨어하우스Data Warehouse 시스템을 구축했다. 각 매장의 관리자들은 이 시스템을 이용해 전국 각 매장에서 가장 잘 나가는 팝-타르트Pop-Tart1는 무슨 맛인지 실시간으로 볼 수 있었다. 랜디는 델Dell에서도 가장 잘 나가는 상품이 무엇인지, 창고에 오래 쌓인 제품에는 할인 가격을 제시하는 등 정보를 빠르게 파악할 수 있는 시스템을 만들었다. 그는 현재 HP의 CIO인데, 10억 달러라는 거금을 투자해 HP의 내부 시스템을 재정비하고 있다.

---

1 옮긴이 미국에서 인기 있는 과자

두말 할 것도 없이 랜디는 월마트, 델, HP와 같은 회사가 시장에서 현재와 같은 위치에 서도록 큰 기여를 했다. 그런 그가 자신만의 비밀 철학 중 하나로 어떤 프로젝트도 6개월보다 길어서는 안 된다고 주장한다.그림 5.1.

규모가 크고 시간의 제한이 없는open-ended 프로젝트의 문제점은 끊임없이 장밋빛 전망을 해놓고 결국 출시하지 못한다는 데에 있다. 이런 프로젝트에는 언제나 해야 되는 일이나 추가해야 할 기능이 하나씩 꼭 생긴다. 차츰 비용이 늘어나고, 추정치도 의미를 잃어가다보면 자신도 모르게 비대해진 몸집을 주체하지 못하고 프로젝트는 실패하고 만다.

랜디가 생각하는 가장 이상적인 IT 프로젝트의 기간은 6개월이다. 6개월보다 긴 프로젝트는 너무 위험하다. 하지만 그렇다고 해서 그가 주도했던 모든 프로젝트가 6개월 안에 소프트웨어를 출시할 수 있었던 것은 아니다. 단지 충분히 실패해 봤기 때문에 이제는 정말 큰 프로젝트를 출시하고자 할 때, 작고 다룰 수 있을 만한 크기로 나눠야 한다는 것을 깨달은 것뿐이다.

애자일에서도 랜디와 마찬가지로 IT 프로젝트의 기간은 짧을수록 좋다고 한다. 가장 이상적인 기간은 6개월 이내다.

규모에 적당한 기대치 세우기

규모를 정한다는 것은 추정치를 보고 이를 구현하는 데 어느 정도 기간이 걸릴지 예상해서 이해관계자에게 알려주는 과정을 포함한다. 이때 사용자 인수 테스트 user acceptance testing, UAT, 교육 훈련, 혹은 소프트웨어를 출시하기 위해 필요한 모든 과정을 염두에 두어야 한다. 하지만 이것은 현재 상태에서 가능한 정보를 모두 이용해 추측한 가장 합리적인 프로젝트의 기간을 이해관계자에게 알려주는 것이라는 걸 기억해야 한다.

이런 대략적인 스케줄을 제시하는 방법에는 여러 가지가 있다. 정확히 몇 월 며칠까지 소프트웨어를 출시하겠다고 약속하는 방법, 혹은 가장 핵심적인 기능을 꼭 전달하겠지만 출시 날짜에 대해서는 조금 융통성을 가지는 방법이다. 이 두 방법이 다른 점은 무엇인지, 어떤 방법이 어느 때 더 적합한지에 대해서는 8.4 '5단계: 날짜 예상하기'(130쪽) 에서 더 자세히 이야기하자.

주의: 이렇게 추정한 계획을 고객에게 보여줄 때는 어떤 상황에서도 여러분이 이 계획을 꼭 지킬 수 있다는 약속을 해서는 안 된다. 계획은 어디까지나 계획일 뿐이다. 아직 확인해보지 않은 추측이니만큼 실제로 개발을 하고, 얼마나 걸리는지 측정하면서 계획을 수정해 나가는 작업이 필요하다.

5.4 우선순위 정하기

 트레이드오프 슬라이더

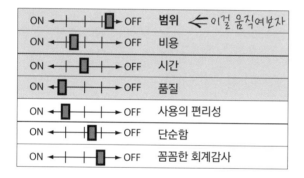

프로젝트에는 지켜야 하는 규정, 규율이 분명 존재한다. 비용과 출시 날짜는 정해져 있는 경우가 많고, 범위는 끊임없이 늘어나며 품질은 언제나 제일 중요한 요소다.

하지만 이런 규정은 서로 충돌하는 경우가 많다. 하나를 충실히 지키면 그만큼 다른 것들에 신경을 쓰지 못하기 때문이다. 이런 불균형이 오래 지속되면, 결국 그 프로젝트는 실패하게 된다.

무엇인가는 포기해야 한다. 그렇다면 도대체 '무엇을' 포기해야 한단 말인가?

애자일에는 이런 골치 아픈 제약들을 잘 길들이는 방법이 있다. 이제 스승님께서 여러분에게 그 방법을 소개해 줄 것이다.

스승님과 함께 여러분은 프로젝트에 존재하는 이런 제약들에 대해 자세히 알아보고, 이런 제약들이 우리로 하여금 어떤 트레이드오프를 하게 만드는지, 또한 어떻게 프로젝트에 득이 되도록 사용하는지 배우게 될 것이다.

테스트

스승님, 소프트웨어 프로젝트에서 맞서게 될 제약을 어떻게 다뤄야 하는지 그 비법을 제게 전수해 주십시오.

좋다. 네게 그 방법을 전수해 주마. 만약 내가 내는 시험을 통과한다면 말이야

실패하면 네겐 죽음이 기다리고 있을 것이다.

1. 다음 중 어떤 것이 소프트웨어 프로젝트에서 가장 중요한 규정인가?

 a. 품질

 b. 시간

 c. 범위

 d. 비용

2. 시간은 부족하고 할 일은 턱없이 많을 때, 어찌하는 게 좋을까?

 a. 범위를 줄인다

 b. 팀원을 추가한다

 c. 출시 날짜를 늦춘다

 d. 품질을 포기한다

3. 다음 중 무엇이 가장 고통스러울까?

 a. 불 위를 걷기

 b. 깨진 유리조각 씹기

 c. 마카레나 춤추기

 d. 스폰서에게 비용을 올려달라고 하기

질문에 대답한 기분이 어떤가?

혹시 '그거야 상황에 따라 다르죠.'라고 생각했나?

그렇다. 위 질문에 정답은 없다. 하지만 이 질문은 프로젝트에는 제약이 있고, 이런 제약들 사이에 균형을 이루기 위해서는 노력이 필요하다는 것을 보여준다.

그럼 '전설의 사총사'라 불리는 프로젝트의 제약이 무엇인지 알아보고, 과연 어떻게 이들을 길들일 것인지 알아보자.

전설의 사총사

옛날 옛적에 모든 프로젝트를 위협하는 전설의 사총사, 시간, 비용, 품질 그리고 범위가 살고 있었다.

이 사총사는 어느 프로젝트에서든 다음과 같은 혼란과 무질서를 불러일으키는 원인이었다.

- 일정이 너무 촉박해요.
- 비용이 삭감됐어요.
- 버그 리스트가 계속 늘어만 가요.
- 할 게 너무 많아요.

항상 골칫덩이로 문제를 일으키는 사총사이긴 하지만, 잘 길들이면 프로젝트에서 조화롭게 일할 수도 있다. 그럼 먼저 이 사총사에 대해 좀 더 샅샅이 파헤쳐볼까?

시간

시간은 정해져 있다. 새로 만들 수도 어디에 저장해 놓을 수도 없다. 그러니 주어진 시간을 최대한 잘 활용하도록 최선을 다해야 한다.

바로 이 때문에 애자일에서는 소프트웨어를 출시하기 위해 하는 모든 활동에 타임 박싱time boxing, 즉 시간을 정해둔다. 출시 날짜를 늦추고 소프트웨어를 늦게 전달하면 고객이 투자한 만큼의 가치를 돌려받지 못할 뿐더러 결국 아무것도 출시하지 못하는 최악의 프로젝트가 될 가능성도 있기 때문이다.

그래서 애자일에서는 시간을 정해놓고 그 시간 내에 필요한 사항을 완성시키려 한다.

비용

비용도 시간과 마찬가지로 정해져 있고, 대부분 생각보다 충분하지 않다.

고객이 가장 어려워하는 것 중 하나가 바로 스폰서에게 가서 돈을 더 요구하는 일이다. 가끔은 어렵지 않게 성사될 수도 있지만, 그리 기분 좋은 경험이 아닌 경우가 더 많다.

이런 불편을 최대한 피하기 위해, 애자일에서는 비용도 시간과 마찬가지로 미리 정해놓는다.

품질

시간을 지키기 위해서 품질 하락을 어느 정도 감수해야 한다고 생각하는 사람들이 있다. 하지만 이는 옳지 않은 생각이다. 품질을 떨어트리면서 단시간에 얻어낸 이득이 있다고 생각한다면, 이는 사실이 아닐 뿐 아니라 엄청난 착각이다.

품질을 떨어트리는 것은 날씨가 춥다고 추운 겨울날 화염에 휩싸인 칼을 가지고 장난치는 것처럼 어리석은 짓이다. 잠시 손의 추위를 녹일 수는 있겠지만, 금세 손을 베이거나 화상을 입을 터이기 때문이다.

그래서 품질 또한 그 기준을 미리 정해놓고, 항상 최고로 유지해야 한다.

범위

시간과 비용을 정해놓고, 품질 또한 최상의 기준을 세웠으니, 이제 '범위' 하나만 남았다.

할 게 너무 많다면, 일을 줄여라. 계획했던 것처럼 현실이 따라주지 않는다면, 현실이 아니라 계획을 바꿔야 한다.

어떤 사람들은 이 말에 동의하지 않는다. 이들은 계획은 이미 정해져서 변경이 불가능하다고 말하지만, 그만한 거짓말이 세상에 또 있으랴 싶다.

출시 날짜는 이미 정해졌을 수 있다. 하지만 계획은 그렇지 않다.

여기까지 프로젝트를 짓누르는 사총사에 대해 알아보았다. 시간, 비용, 품질을 정해놓고, 범위만은 프로젝트에 따라 변경 가능하다고 말이다.

자, 이제 트레이드오프 슬라이드를 함께 들여다보자.

WAR STORY 교육 훈련과 출시

교육 훈련training과 출시delivery는 쏘트웍스에서 프로젝트를 할 때 우리가 균형을 맞추려고 했던 것들이다. 비록 우리가 교육 훈련 회사는 아니었지만 이는 후에 세일즈로 연결되는 중요한 고리가 되어 많은 기회를 제공해 주었다.

하지만 교육 훈련과 소프트웨어 출시는 전혀 다른 일이다.

우리는 슬라이드를 사용해서 이렇게 비슷하지만 서로 다른 두 가지 중 고객이 더 우선시하는 것을 알아내어, 이에 따라 행동했다.

트레이드오프 슬라이드

트레이드오프 슬라이드는 고객과 함께 '전설의 사총사'가 프로젝트에 미치는 영향에 대해 논의하는 도구 중 하나이다.

예를 들어, 고객이 시간, 비용, 품질에 대해 어떻게 생각하는지 이해하고, 마스터 스토리 리스트에 있는 사용자 스토리를 다 출시하는 것이 아니라 범위는 변할 수 있다는 점을 고객이 이해하도록 해야 한다.

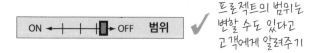

ON ←┼─┼─██→ OFF **범위**

✓ 프로젝트의 범위는 변할 수도 있다고 고객에게 알려주기

시간, 비용, 품질, 범위를 모두가 볼 수 있게 나열한 후, 고객에게 뭐가 제일 중요한지 우선순위를 정하도록 한다. 각 항목에는 반드시 하나의 순위만을 매겨야 한다. 예를 들어, 네 가지가 모두 우선순위 #1로 매겨질 수는 없다.

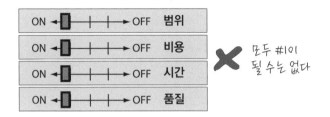

대부분의 고객들은 무엇인가가 우선시 되어야 한다는 사실을 잘 받아들인다. 하지만 이렇게 우선순위를 정하는 것이 왠지 꺼림칙할 수도 있다. 이때 반드시 이 네 가지가 모두 다 중요한 항목이라는 사실을 고객에게 인지시켜 주어야 한다. 예를 들어, 품질의 우선순위가 낮게 정해졌다고 해서 품질이 중요하지 않은 게 아니라, 출시 날짜는 무슨 일이 있어도 반드시 지켜져야 한다는 것이다. 그러니 시간의 우선순위가 더 높을 뿐이다.

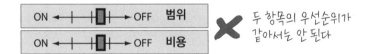

여태껏 우리가 알아본 '전설의 사총사'도 중요하지만 이 밖에도 프로젝트에 영향을 미치는 것들이 있다.

시간과 비용을 맞추는 게 다가 아니다
다음과 같은 질문을 한 번 생각해보라.

- 컴퓨터 게임이 도대체 재미가 없다면 무슨 소용이 있을까?
- 아무도 가입하지 않는다면, 과연 온라인 데이트 커뮤니티가 존재할까?
- 아무도 듣지 않는다면 온라인 라디오 방송이 무슨 소용인가?

'전설의 사총사' 간에 적당한 균형을 이루는 것도 중요하지만, 프로젝트 운영은 그것만으로는 충분치가 않다.

보이지 않지만 프로젝트의 흥망성쇠에

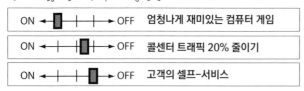

영향을 미칠만한 요소들을 모두 나열하라

고객과 함께 인셉션 덱 트레이닝이나 스토리 수집 워크숍을 하던 중 이미 알아차렸을지도 모르겠지만(6.4 '스토리 수집 워크숍 진행 방법' 95쪽), 트레이드오프 슬라이드를 고객에게 보여줄 때에는, 맨 아래에 막연하고 추상적이더라도 프로젝트를 성공으로 이끌거나 혹은 실패하는데 영향을 미칠 수 있는 것들을 적을 공간을 마련해 두도록 하자.

여러분이 진정으로 고객이 중요하게 생각하는 게 과연 무엇인지를 이해했다는 것은 이런 요소들을 모두가 볼 수 있도록 적어 놓았을 때야 비로소 분명해진다.

휴~! 여기까지 잘 따라와 주었다. 그럼 지금까지 알아낸 것을 토대로, 여러분이 알아낸 우선순위를 스폰서에게 보여주도록 하자.

5.5 우선순위 보여주기

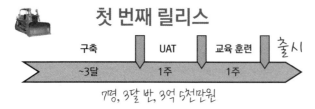

거의 다 왔다!

이제 여러분은 비전과 계획을 세웠다.

지금부터는 이를 구현하기 위해서 무엇이 필요하고, 비용은 또 얼마나 드는지 알아내기만 하면 된다.

이 섹션에서 여러분은 우리 팀의 구성원은 누구인지, 어떤 계획을 가지고 있는
지, 또 비용은 얼마나 들 것인지 스폰서에게 보여줄 것이다.

자, 그럼 팀부터 소개해보자.

최고의 팀을 구성하라

지금쯤이면 이 프로젝트를 성공시키기 위해 어떤 팀이 필요한지 대략 감이 잡혔을
것이다. 이제는 그런 것들을 나열해 보기만 하면 된다.

#	역할	전문분야/역량
1	UX 디자이너	신속하게 프로토타이핑(종이 프로토타입), 와이어 프레임과 목업 (mockup), 사용자 흐름도, HTML/CSS 작업 가능
1	프로젝트 관리자	불확실한 상황에서도 작업 가능, 지시나 통제 없이도 작업 가능
3	개발자	C#, ASP.NET, MVC 경험, 단위 테스트, TDD, 리팩터링, 지속적인 통합(continuous integration)
1	애널리스트	필요할 때마다 신속한 분석 가능, XP 스타일의 스토리 카드 작성 가능, 테스트를 돕고자 하는 태도
1	고객	하루에 한 시간 질문에 답하기 위한 시간 할애 가능, 매주 한 번 피드백에 필요한 미팅 가능, 프로젝트에 필요한 결정이나 지침 제공 가능
1	테스터	자동화 테스트를 해본 경험, 개발자나 고객과 조화롭게 작업 가능, 탐색적 테스트에 능함

바로 지금이 각자의 역할과 책임(2장 참고) 그리고 이 프로젝트에 바라는 바에 대
해서 논의하기에 가장 적합한 시간이다.

특히, 나는 '고객'의 역할에 대해 설명하는데 시간을 더 할애하는 편이다. 첫 번
째 이유로는 고객이 너무나 중요하기 때문이고, 두 번째로는 대부분의 회사의
DNA에는 이런 역할이 존재하지 않기 때문이다. 그래서 난 고객의 눈을 직접 보며
그들이 애자일 프로젝트에 합류하겠다고 선택한다는 어떤 의미인지 분명히 이해
하도록 설명한다.

고객이 과연 시간을 준수할까?

필요한 결정을 내릴 수 있는 권한을 갖고 있는가?

프로젝트 개발에 관련한 지침이나 방향을 제시해 줄까?

개발자, 테스터, 애널리스트는 대부분 자신의 새 역할을 잘 이해한다. 하지만 애자일 고객은 대부분의 고객에게 새로운 역할이기 때문에, 조금 더 강조해서 설명할 필요가 있다.

마지막으로 누가 최종결정을 내리는 사람인지 한 번 더 확인해야 한다(특히 이해당사자가 여러 명이 있을 경우).

최종결정을 내리는 인물이 누구인지를 명확히 파악하라

팀에게 가장 혼란스러운 것 중 하나는 도대체 누구로부터 최종 주문을 받아야 할지 모르는 경우다.

IT 디렉터는 가장 최신의 기술로 개발하길 원하고, 전략팀장은 시장에 가장 빨리 내놓을 수 있는 것을 원한다. 게다가 판매팀장은 2분기에 새 버전을 내놓는다고 선포해 버렸다.

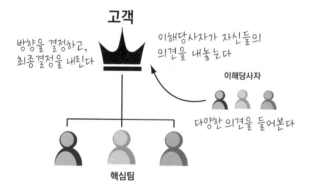

한 팀 내에 우리가 어디로 가야 하는지, 우선순위는 무엇인지, 다음에 해야 할 일이 무엇인지에 대해 다른 생각을 가진 여러 명의 이해당사자가 존재해서는 안된다.

그래서 여러분은 그 이해당사자들의 대표가 누구인지 분명히 알아야 한다. 이 말은 대표 외의 사람들은 아무런 의견도 내지 말아야 한다는 뜻이 아니라, 다양한 의견을 수렴해 최종적으로 선택을 하는 사람이 누구인지 알아야 한다는 것이다.

슬라이드 한 장에 이런 사항들을 적어 지금 모두 앞에서 언급한다면, 이는 나중에 생길 많은 혼돈과 값비싼 재구성의 비용을 한층 덜어줄 것이다.

설사 이미 누가 대표인지 파악했을지라도 누가 대표인지 그냥 물어보라. 혹시 모를 불확실성도 제거할 뿐 아니라, 팀과 다른 이해당사자들도 누가 최종 결정자인지 분명히 알게 되기 때문이다.

비용이 얼마나 들지 추측해보기

어쩌면 비용에 대해 이야기할 필요가 없을지도 모른다. 이미 비용은 정해졌기 때문에 그저 그 비용 안에서 모든 것을 해결해야 할 수도 있다.

하지만 만약 이 프로젝트에 대략 어느 정도의 비용이 드는지 알아내야 한다면, 빠르고 쉽게 계산하는 방법을 소개해보겠다.

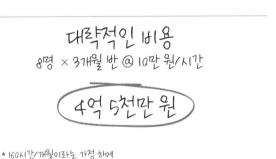

단순히 팀원 수를 프로젝트의 기간에 곱하고, 이를 다시 비용과 같이 계산하면, 짜잔 - 그게 바로 여러분 팀이 필요한 대략적인 비용이다.

물론 소프트웨어에 비용이 들어가거나 그 외 여러 가지 잡다한 비용이 필요할지도 모른다. 하지만 내 장담하건대 가장 비싼 비용은 두 발로 걷고 컴퓨터에 앞에 앉아있는 존재, 바로 사람이다.

자, 그럼 이제 이런 정보를 다 모아, 이들이 현명한 선택을 하도록 하자.

모든 정보를 한 자리에 모아보기

이 슬라이드는 대부분의 이해당사자들이 가장 좋아하는 부분이다. 결국 두 가지 질문에 대한 답만 들으면 되기 때문이다.

- 이 프로젝트는 언제 끝나죠?
- 그래서 비용이 얼마나 든다는 거요?

　다시 한 번 분명히 하지만, 출시 날짜나 비용에 대해서 100퍼센트 장담할 수는 없다. 물론, 여태껏 많은 활동을 통해 기본적인 질문에 대한 답을 얻었지만, 아직도 모르는 것이 너무나 많기 때문이다(예를 들어, 팀이 얼마나 신속하게 프로젝트를 진행할 수 있느냐). 결국 이런 숫자는 지금 내릴 수 있는 최상의 추측 외에는 아무것도 아니다.

　이런 숫자들을 소개하는 방법 중 하나는 이 섹션에 처음 소개된 슬라이드와 같은 형식이다. 만약 여러 프로젝트가 합쳐진 프로그램처럼 큰 일이라면, 여러분의 상상력을 발휘해서 과연 이게 내 돈이라면 무엇을 보고 싶을지 스스로 생각해보라. 결국엔 당신이 이 팀의 대표다. 그러니 이 프로젝트를 진행해야 할지 아닐지 선택하는 것도 당신이 선택해야 하는 문제이다.

인셉션 덱 마무리하기

축하한다! 여기까지 잘 따라와 줬다. 이제 여러분은 애자일 프로젝트를 정의하고, 팀을 구성하고 시작할 발판을 마련하는 첫 단계를 무사히 끝마쳤다.

　당신과 팀원, 스폰서, 고객이 다 같이 보고 이야기할 수 있는 그림과 스토리를 돌아보라. 이제 여기 있는 모든 사람은 다음과 같은 사실을 알게 되었다.

- 무엇을, 왜 개발하는가
- 이 프로젝트가 남다른 이유는 무엇인가
- 꼭 개발해야 하는 핵심 기능은 무엇인가
- 프로젝트에 관련된 주변 인물은 누구인가
- 대략적인 해결책은 무엇인가
- 주요 문제점과 리스크는 무엇인가
- 이 프로젝트의 규모는 대략 어느 정도인가
- 상황이 허락하지 않는다면 꼭 개발하지 않아도 되는 것은 무엇인가
- 대략 어느 정도의 시간과 비용이 들 것인가

스승: 지금까지 인셉션 덱에 대해 무엇을 배웠는지 한 번 말해 보거라.

제자: 왜 프로젝트 초기에 중요한 질문을 해야 하는지 이해할 것 같습니다. 프로젝트가 시작하기 전에 이런 질문에 대한 답을 얻어 해결책을 찾아야 한다는 것도요.

스승: 훌륭하구나. 또 무엇을 배웠느냐?

제자: 프로젝트의 범위나 계획을 세우기 위해 몇 달이나 소비할 필요가 없다는 것도 배웠습니다. 인셉션 덱을 사용하면 며칠 동안 대략적인 범위나 프로젝트에 기대하는 바를 빠르게 파악할 수가 있으니까요.

스승: 만약 프로젝트의 성격이나 주요 목적, 범위가 바뀐다면 어찌할 셈이냐?

제자: 인셉션 덱을 수정해야겠죠. 업데이트된 사항들을 모두에게 알려주고 모두 다 변경된 사항에 대해 충분히 이해하고 동의하는지 확인해야 하고요.

스승: 훌륭하구나. 이제 다음 단계를 배울 준비가 된 것 같구나.

다음 단계는?

다음 장에서는 이번 장에서 짧게 언급했던 몇 가지 사항들을 좀 더 자세히 들여다 볼 것이다.

애자일로 계획을 세울 때 필요한 추정, 마스터 스토리 리스트, 팀의 속도team velocity와 같은 개념들을 하나하나 말이다.

그러기 위해서 모든 애자일 프로젝트의 기본 단위인 '사용자 스토리'만큼 좋은 출발점은 없다.

Part. III

애자일
프로젝트
계획하기

6장

사용자 스토리 수집하기

3부에서는 애자일로 계획을 세울 때 기본이 되는 사용자 스토리, 추정 그리고 적용 가능한 계획에 대해 알아 볼 것이다.

고객의 요구사항을 사용자 스토리의 형태로 수집하는 법을 배우며, 어떻게 애자일 계획이 최신 상태로 유지되는지, 그러면서도 최근 핵심 정보만 담는 방법은 뭔지, 어떻게 불충분한 정보만 가지고 사전에 분석을 해버리는, 우리 업계에서 가장 어리석은 짓을 피할 수 있는지 알게 될 것이다.

자, 그럼 요구사항은 어떻게 수집해야 하는지, 모든 것을 다 문서화하려고 할 때 어떤 어려움이 따르는지 알아보자.

6.1 문서 작성의 문제점

요구사항이 적힌 두꺼운 서류뭉치들이 소프트웨어 프로젝트에 도움이 된 적이 별로 없다. 고객은 자신들이 진정 원하던 소프트웨어를 얻는 경우가 드물었고, 개발 팀은 필요로 하는 것을 개발하지 못했다. 오히려 개발하는 것보다는 문서에 무엇이 적혀 있나 따지느라 엄청난 양의 시간과 에너지가 낭비되곤 했다.

이처럼 소프트웨어를 개발할 때 두터운 서류뭉치에 의존하면 다음과 같은 문제가 생긴다.

문서를 좀 더 자세히 작성했다면 어땠을까?

요구사항을 문서에 작성하는 방식이 문제인 이유는 양이 많기 때문이 아니라 소통이 안 되기 때문이다. 둘째로, 문서에 적힌 사항은 사람에 따라 여러 가지 의미로 해석할 수 있다.

나는 그녀가 돈을 훔쳐갔다고 말하지 않았어요.

나는, 그녀가 돈을 훔쳐갔다고 말하지 않았어요.　내가 말한 게 아니에요.

나는 그녀가 돈을 훔쳐갔다고 **말하지 않았어요.**　내가 한 말은 그게 아니라...

나는 **그녀가** 돈을 훔쳐갔다고 말하지 않았어요.　아마 다른 사람이 훔쳐갔을 걸요!

나는 그녀가 돈을 **훔쳐갔다고** 말하지 않았어요.　훔쳐간 게 아니라, 빌려간 거예요.

나는 그녀가 **돈을** 훔쳐갔다고 말하지 않았어요.　돈이 아니라, 내 마음을 훔쳐가 놓고 샌프란시스코로 떠나 버렸어요.

언어만큼 신비로운 게 또 있으랴!

이 요구사항은 정말 요구사항인가?

사실 애자일을 하는 사람이라면 요구사항을 믿지 않는다. 애자일 선구자 중 한 명인 켄트 벡은 그의 저서 『Extreme Programming』에서 '요구사항'이라는 말 자체가 잘못된 것이라고 주장한다.

"소프트웨어 개발 분야는 법이나 규정에 의해 꼭 해야만 하는 것이라고 정의된 '요구사항'이라는 단어를 지금까지 잘못 사용해 왔다. 그 단어는 절대적이고, 이미 결정된 것이라는 의미를 갖기 때문에 변화를 포용할 수 없다는 뜻이다. 그러니 '요구사항'이라는 단어는 잘못돼도 한참 잘못돼었다."

"이 엄청난 양의 서류더미에 적힌 요구사항들 중에 20프로, 아니 10프로, 혹은 5프로만 이라도 제대로 전달된다면, 아마 그 시스템 전체가 추구하고자 했던 바를 거의 다 구현할 수 있을 것이다. 아니, 그럼 나머지 80프로는 도대체 무엇이란 말인가? 나머지는 반드시 해야 하는 것, 즉 요구사항이 아니라 하면 좋은 것들일 뿐이다."

언젠가 마틴 파울러가 한숨을 쉬며 이런 말을 한 적이 있다. 몇 년간 정성 들여 한 권의 책을 집필했지만, 아직도 그가 전하고자 하는 핵심을 잘못 이해하고 있는 사람들이 너무나 많다고 말이다.

아주 극단적인 예를 들자면, 잘못된 문법으로 쓰인 글 한 문장이 기업에게는 몇 십 억에 가까운 손해를 입힐 수도 있다. 하지만 대부분의 경우에는 고객이 자신들이 정말 원하는 소프트웨어가 무엇인지를 아주 빈약하게 표현해 놓고 있다.

이것은 우리에게 아주 중요한 애자일 원칙을 하나 가르쳐준다.

애자일 원칙

개발 팀 내의 누구에게든 가장 정확하고 효과적으로 정보를 전달하는 방법은
그 사람과 직접 대면하면서 이야기하는 것이다.

결국 우리에게 필요한 것은 요구사항에 관해 우리가 서로 소통할 수 있도록 해 주는 그 무엇이다. 고객이 원하는 핵심사항이 적혀있고, 계획할 때 사용할 수 있을 만큼 짧으면서도 무엇을 하고자 했는지 우리가 기억할 수 있도록 도와줄 그 무엇.

6.2 사용자 스토리

애자일 사용자 스토리란 고객이 자신의 소프트웨어에 원하는 기능을 짧게 표현해 놓은 것이다. 사용자 스토리는 대부분 작은 인덱스카드에 적는데, 이는 모든 것을 다 받아 적지 말라는 것을 상기시켜 준다. 이런 사용자 스토리는 그냥 가만히 자리에 앉아 서류만 읽지 말고, 고객에게 다가가 그들과 대화하라고 부추긴다.

애자일 사용자 스토리를 처음 본다면, 아마도 '이게 다에요?'라고 물을지 모른다. 하지만 필요한 것은 다 있다. 단지 여러분이 생각한 곳에 있지 않을 뿐이다.

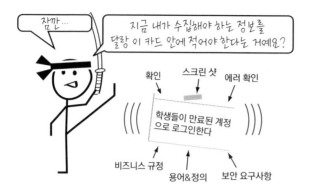

그런 뜻이 아니다. 그렇다기보다는, 다 적을 필요가 없다는 뜻이다.

애자일에서는 요구사항을 수집하는 목적이 모든 세부사항을 알아내는 데에 있는 것이 아니라는 걸 모두가 기억하도록 작은 인덱스카드를 사용하길 권장하고 있다. 그래서 각 기능의 몇 가지 키워드만을 적어 나중을 위해 우선 차곡차곡 쌓아둔다.

왜 세부사항을 다 알아내지 않고 키워드만 몇 개 적어놓느냐고? 왜냐하면 지금 으로써는 이 기능을 언제 개발할지, 혹은 이 기능을 정말 개발하기는 할 건지 모르 기 때문이다!! 어쩌면 앞으로 몇 달간은 이 기능을 개발하지 않을지도 모른다. 설 령 몇 달 뒤에 개발한다 하더라도, 이미 소프트웨어는 우리가 생각한 것과는 많이 다를 수 있기 때문이다.

지금 그 기능에 대해 모든 것을 다 알아내려고 에너지를 소비하고, 나중에 또다 시 같은 일을 반복하는 일을 방지하기 위해, 세부사항들은 나중을 위해 미뤄두는 것이다. (이와 관련해서는 9.4 '1단계: 분석과 설계: 작업 준비하기'(150쪽)에서 더 자세히 배 울 것이다.)

그러니 사용자 스토리는 서로 간에 대화를 하도록 권장하는 도구라고 생각하면 될 것이다. 언젠가는 세부사항을 더 알아내야 하겠지만, 그런 세부사항이 필요할 때까지는 더 이상 에너지를 소비하지 않을 것이다.

6.3 좋은 사용자 스토리의 요소

좋은 사용자 스토리의 첫 번째 요소는 고객에게 가치가 있어야 한다는 점이다. 그 럼 도대체 무엇이 가치 있다는 것일까? 고객이 비용을 지불해서라도 갖고 싶은 것. 그게 바로 가치 있는 것이다.

예를 들어, 무척 배가 고픈 고객이 다음 중 어느 레스토랑에서 식사를 할 것 같은가?

에린의 기술 식당

C++	3일
3일 안에 시스템이 개발됩니다.	
커넥션 풀링(Connection Pooling)	2일
모든 데이터베이스는 커넥션 풀링을 이용해 접근 가능합니다.	
모델 관점의 프레젠터 패턴	5일
이 시스템은 비즈니스 논리와 프레젠테이션 논리를 분리시킵니다.	

샘의 비즈니스 팬케익 하우스

사용자 계정 만들기	3일
사용자들은 각자 자신만의 계정을 갖고 시스템에 로그인 할 수 있습니다.	
새로운 목록이 나올 때마다 구독자에게 알려주기	2일
매번 새 집이 시장에 나올 때마다 구독자에 목록을 만들어 알려드립니다.	
구독 취소하기	1일
구독자에게 보내는 모든 이메일에 구독 취소가 가능한 옵션을 포함합니다.	

사용자 스토리는 반드시 업무와 관련해 가치가 있어야 한다. 그렇기 때문에 고객이 쉽게 이해할 수 있도록 어려운 기술용어를 피하고 간단명료하게 써야 한다.

물론 이는 시스템을 개발할 때 커넥션 풀링이나 디자인 패턴을 사용해서는 안 된다는 게 아니라, 고객이 이해할 수 있는 언어로 사용자 스토리를 써야 한다는 뜻이다.

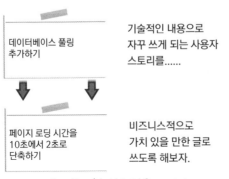

고객이 좋아할만한 것을 쓰자!

좋은 사용자 스토리의 두 번째 요소는 스토리를 완료하기 위해 필요한 모든 분야를 아우르는 정보를 포함해야 한다는 것이다. 우리는 종종 이를 '케이크 한 조각'이라 표현한다.

사용자 인터페이스 (HTML, Ajax, CSS)
중간 계층 (C#, Java, Python)
데이터 계층 (오라클, SQL 서버)

케익...... 냠냠

생크림을 바르지 않은 케이크는 아직 상품의 가치가 없어 누구도 구매해서 먹으려 하지 않을 것이다. 마찬가지로 뭔가 부족한 듯한 해결책에 선뜻 비용을 지불할 고객은 어디에도 없다. 비록 케이크 한 조각이지만, 그 한 조각에 모든 레이어가 갖춰 있을 때 그 케이크는 상품으로써의 가치가 있다.

좋은 사용자 스토리는 이 밖에도 다음과 같은 요소를 만족해야 한다.

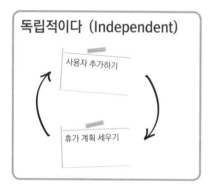

프로젝트를 하다 보면 예상치 않은 일들이 생기고, 계획은 변하기 마련이다. 저번 주까지만 해도 매우 중요했던 것이 갑자기 이번 주부터는 그렇지 않을 수도 있다. 만약 모든 스토리가 서로 긴밀히 연결되어 의존도가 높다면, 스토리를 트레이드오프 하는 것이 어려울 수밖에 없다.

항상 그럴 수 있는 것은 아니지만, 하나의 스토리가 그 자체로 가치 있는 것을 전달할 만한 정보를 갖도록 하고 이런 스토리들을 기능별로 모은다면 대부분의 스토리들이 독립적이고 범위에 따라 유연하게 개발될 수 있을 것이다.

주어진 스토리를 개발하는 데에는 언제나 여러 가지 방법이 있다. 원한다면 어떤 기능이든 포드 포커스, 혼다 어코드 혹은 포르셰 911 버전으로 만들 수 있다는 뜻이다.

협상이 가능한 스토리는 개발할 때 비용에 맞춰 변화를 줄 수 있는 여유를 허락해주기 때문에 좋다. 포르셰를 만들 수 있을 때도 있고, 보다 간단한 포드를 만들어야 할 때도 있기 때문이다.

스토리가 잘 개발되어 제 기능을 하는지 확인하도록 모든 스토리들은 테스트가 가능해야 한다. 이런 스토리에 대한 테스트를 쓰는 것은 우리가 개발한 것이 정말 작동하는지 확신하게 해주고 언제 이 스토리에 대한 개발이 끝났는지 알 수 있게 해준다.

그럼 도대체 이 스토리가 주어진 시간 안에 끝낼 수 있는 것인지는 어떻게 알 수 있을까? 스토리를 하루에서 닷새 사이에 개발 가능하도록 작게 만들면, 보통 1~2주하는 이터레이션 안에 완료할 수 있다. 그렇게 되면 조금 더 자신 있게 추정치도 정할 수 있게 된다.

좋은 사용자 스토리의 요건을 빌 웨이크^{Bill Wake}는 INVEST라고 표현했다. 이는 "독립적인^{Independent}, 협상 가능한^{Negotiable}, 가치 있는^{Valuable}, 추정 가능한^{Estimatable}, 작은^{Small}, 테스트 가능한^{Testable}"이라는 요소의 줄임 말이다.

그럼, 사용자 스토리와 문서의 차이점을 비교해보자.

사용자 스토리	구체적인 요구사항 문서
• 가볍고, 정확하며, 필요할 때마다 작성 가능 (Just In Time)	• 무겁고, 부정확하며, 뒤떨어진 오래된 정보
• 직접 대면하는 소통을 격려	• 잘못된 추측을 하도록 부추김
• 단순화된 계획	• 복잡한 계획
• 값싸고, 빠르고, 쉽게 작성 가능	• 비싸고, 느리며, 작성하기 어려움
• 상황에 뒤떨어진 정보가 없음	• 항상 오래되고 상황에 뒤떨어진 정보가 기재되어 있음
• 가장 최근의 정보에 기반	• 경험에 기반한 게 없음
• 실시간 피드백 가능	• 실시간 피드백이 불가능함
• 부정확한 판단 회피 가능	• 부정확한 판단을 하도록 부추김
• 팀에 기반한 협력과 혁신 유도	• 열린 협력과 혁신이 어려움

자, 이론적인 이야기는 이걸로 충분하다. 그럼 이번 여름 서핑시즌을 준비하는 데이브가 어떻게 스토리를 수집하는지 직접 살펴볼까?

데이브의 서핑숍 'Big Wave'에 오신 걸 환영합니다

BIG WAVE DAVE

사용자 스토리는 고객이 쓰는 것이라는 애자일 책을 읽었다면, 그 말을 너무 곧이곧대로 받아들이지는 않길 바란다. 이는 이론적으로는 맞는 이야기지만, 현실은 이와 좀 다르기 때문이다.

어떤 소프트웨어를 원하는지 아는 사람은 고객 자신이기 때문에, 고객이 사용자 스토리의 내용을 제공해야 하는 것은 맞다. 하지만 현실에서는 아마도 여러분이 직접 스토리를 써야할 일이 더 많을 것이다.

그러니 혹시 여러분이 너무 많이 고객을 도와주고 있다는 생각이 든다면, 걱정할 필요 없다. 그저 고객이 스토리 수집하는 과정에 열심히 참여하도록 유도하고, 여러분은 이를 카드에 받아 적으면 된다.

데이브는 몇 달 전 웹사이트를 구축하기 위해 한 회사를 찾았다. 하지만 이들은 요구사항을 받아 적기만 하는데 모든 비용을 다 써버리고, 실제로 웹사이트를 구축하는 작업은 시작도 하지 못했다. 다행히도 데이브는 우리에게 도움을 청해왔다.

데이브가 필요로 하는 것을 알아보자

우리는 데이브와 마주앉아 그가 원하는 웹사이트의 기능을 나열해 보게 했다. 이 리스트는 너무 자세하지 않아도 좋다. 그저 그가 웹사이트에 있었으면 하는 기능이나 하고자 하는 일이 무엇인지 대략 설명하는 것이면 충분하다.

첫째, 웹사이트가 지역 상황을 반영했으면 좋겠다. 그래서 아이들이 이 사이트에와 어떤 서핑 콘테스트, 레슨 같은 이벤트가 있는지 알 수 있었으면 좋겠다.

둘째, 이 사이트에서 우리 숍에 있는 상품을 팔 수 있어야 한다. 보드, 잠수복, 옷, 비디오 같은 것을 말이다. 구매하기 쉽고 보기에도 좋아야 한다.

셋째, 예전부터 바다를 향해있는 웹 카메라를 설치하고 싶었다. 이렇게 하면 해변까지 와서 서핑하기 좋은지 상태를 파악하지 않아도, 그저 노트북을 열어 우리 사이트에 들어와 보면 오늘 서핑을 할 만한 날씨인지 금세 파악할 수 있으니까 말이다. 아마도 이 말은 웹사이트가 엄청 빨라야 한다는 뜻이겠지만 말이다.

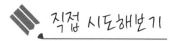

이제 데이브의 이야기를 듣고 과연 여러분이 최소한 여섯 가지의 사용자 스토리를 뽑아낼 수 있는지 알아보자. 완벽한 스토리를 써야 한다고 너무 걱정하지 않아도 좋다. 그저 고객이 소프트웨어에서 원하는 것 가운데 사용자 스토리가 될 만한 것들은 무엇인지 곰곰이 생각해 적어보면 된다.

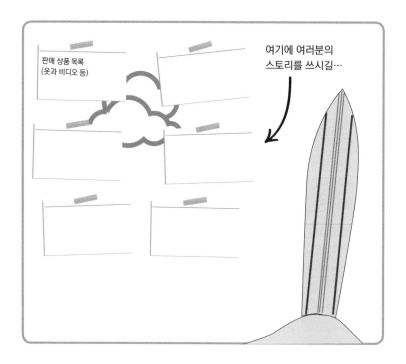

자, 그럼 여러분이 쓴 스토리들을 보고 INVEST의 요건을 충족시켰는지 확인해보자(독립적이고Independent, 협상가능하고Negotiable, 가치 있고Valuable, 추정가능하며Estimatable, 작고Small, 테스트 가능한가?Testable).

항상 다 만족하는 건 아니니 완벽하지 않다고 너무 걱정하지 않아도 된다. 고객의 이야기를 듣고 이런 아이디어들을 뽑아내어, 고객이 잘 이해하고 가치 있는 것이라고 생각할 만한 것을 찾아 카드에 적는 연습을 더 하면 된다.

그럼, 다음과 같은 스토리를 적었다고 가정해보자.

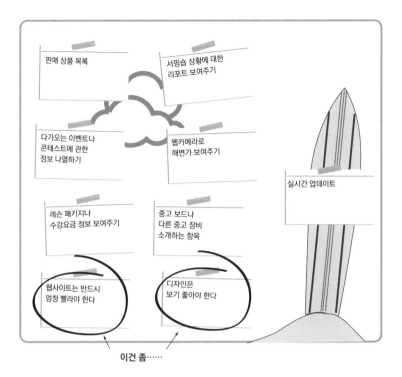

판매 상품 목록

서핑숍 상황에 대한
리포트 보여주기

다가오는 이벤트나
콘테스트에 관한
정보 나열하기

웹카메라로
해변가 보여주기

실시간 업데이트

레슨 패키지나
수강요금 정보 보여주기

중고 보드나
다른 중고 장비
소개하는 항목

웹사이트는 반드시
엄청 빨라야 한다

디자인은
보기 좋아야 한다

이건 좀……

마지막에 나열된 두 개의 스토리는 어떤 것 같은가?

• 웹사이트는 반드시 엄청 빨라야 한다.
• 디자인은 보기 좋아야 한다.

이게 좋은 스토리들인가? 아니라면, 왜 아닌가?

만약 '웹사이트는 반드시 엄청 빨라야 한다'는 것이 너무 추상적이고 두루뭉실하다고 생각한다면, 여러분 생각이 맞다. 도대체 얼마나 빠른 게 빠르다는 것인가? '보기 좋은 것'을 도대체 어떻게 테스트 한단 말인가?

이런 스토리들을 우리는 '제약사항constraints'이라고 부른다. 이런 스토리들은 보통 일주일 안에 전달할 수 있는 것이 아니다. 하지만 고객이 바라는 소프트웨어의 성향을 설명해 놓은 것이기 때문에 매우 중요하다.

가끔은 이런 스토리들을 테스트가 가능하도록 전환할 수 있기도 하다.

예를 들어, '웹사이트는 반드시 엄청 빨라야 한다'는 것을 다음과 같이 다시 써볼 수 있다.

모든 웹 페이지가
2초 내로 로딩되어야 한다

제약사항 카드

이제 '엄청 **빠르다**'는 것이 무슨 뜻인지 알기 때문에 스토리가 훨씬 더 이해하기 쉽고 정확해졌다. 그리고 이젠 이를 확인하기 위한 테스트도 쓸 수 있다.

제약사항을 갖는 것은 매우 중요하다. 하지만 이런 스토리가 사용자 스토리의 주류를 이뤄서는 안 된다. 이런 사항들을 다른 색의 카드에 적어 놓도록 하라. 그리고 팀 내 모든 팀원들이 이 카드가 무엇인지 인지하고 소프트웨어를 개발하는 동안 수시로 이를 테스트 하도록 해야 할 것이다.

사용자 스토리 템플릿

보통 몇 개의 짧고 정선된 문장이면 사용자 스토리가 무엇인지 팀원들에게 상기시키기에 충분하지만, 조금 더 맥락이 있는 문장으로 된 사용자 스토리를 좋아하는 팀들도 있다.

여러분의 팀이 만약 후자와 같다면, 아래와 같은 사용자 스토리 템플릿을 사용해 보라.

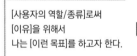

[사용자의 역할/종류]로써
[이유]을 위해서
나는 [이런 목표]를 하고자 한다.

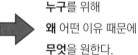

누구를 위해
왜 어떤 이유 때문에
무엇을 원한다.

예를 들어, 템플릿을 사용하면 데이브의 사용자 스토리는 다음과 같을 것이다.

- 잠이 많은 서퍼로써, 좋은 파도가 없는 날은 일찍 일어나지 않도록, 웹카메라를 통해 서핑 조건을 확인하고 싶다.

- 딱딱한 빙판 위에서만 운동하는 캐나다 하키 선수로써, '어딘가에 빠져보는' 스릴을 느껴보기 위해, 아드레날린을 마구 자극하는 서핑 레슨을 받고 싶다.

- 최신 서핑복을 찾고 있는 초보 서퍼로써, 올 여름에 스타일리시한 젊은 여성처럼 보이기 위해, 최신 보드 반바지와 디자인을 다 보고 싶다.

사용자 스토리 템플릿이 좋은 이유는 이 템플릿이 항상 사용자 스토리에서 가장 중요한 누가, 왜, 무엇을이라는 세 가지 질문에 답할 수 있어서이다. 이는 사용자 스토리를 더 잘 이해할 수 있도록 도와주고, 비즈니스에 초점을 맞춰 준다는 장점이 있다.

단점이라면 이런 추가적인 내용들이 진짜 스토리가 무엇인지 이해하기 힘들게 할 수도 있다는 것이다. 어떤 사람들은 이런 추가적인 내용들을 좋아하지만, 그렇지 않은 사람들도 있기 때문이다.

그러니 둘 다 사용해보고, 여러분이 어떤 스타일을 선호하는지 직접 파악해보길 바란다. 꼭 하나만 선택해야 하는 것은 아니다. 예를 들어, '사용자 추가하기'라는 짧은 이름으로 계획하고, 카드 뒷면에는 나중에 이 스토리를 더 자세히 분석할 때 도움이 되도록 템플릿을 사용해 적어 놓을 수도 있다.

6.4 스토리 수집 워크숍 진행 방법

애자일로 계획을 세우기 전에 우리는 고객이 소프트웨어에 원하는 기능을 모두 나열해 보아야 한다. '스토리 수집 워크숍'을 진행하는 것은 그러기 위한 방법 중 하나다. 스토리 수집 워크숍은 개발팀과 고객이 함께 모여 개발하고자 하는 시스템에 필요한 사용자 스토리를 수집하는 과정이다.

이 워크숍의 목적은 '넓게 보기'이다. 그물망을 넓힐 수 있는 한 넓게 펼쳐, 가능한 모든 기능을 다 찾아내는 것이다. 이것은 찾아낸 모든 기능을 다 개발하려 하기 때문이 아니라, 가능한 모든 옵션을 다 이해해서 큰 그림을 보기 위해서다.

인셉션 덱의 한 부분이었던 'NOT 리스트'(4.4 'NOT 리스트를 작성하라' 51쪽)가 여기서 아주 유용하게 쓰일 것이다. 하지만 보통 고객과 마주 앉아 시스템에 관해 이야기하면서 화이트보드에 그림도 그리고, 찾아낸 스토리들을 카드에 적는 과정, 그거면 충분하다.

스토리 수집 워크숍을 훌륭히 진행하기 위해 알아두면 좋은 몇 가지 팁을 나열해 보았다.

1단계: 크고 이것저것 붙일 수 있는 벽면이 많은 방을 구하라

여러분이 서 있거나 걸어 다닐 만한 공간이 있는 방, 포스트잇이나 이야기하다 그린 그림, 그래프를 쉽게 벽에 붙일 공간이 있는 방, 적어놓은 스토리들을 쭉 나열할 수 있는 큰 책상이 있는 방, 스토리를 찾아내기 위해 다양한 활동을 할 수 있는 그런 방을 찾아 예약하라.

2단계: 그림을 많이 그려라

그림은 시스템에 관해 브레인스토밍하며 스토리를 찾아내는 아주 훌륭한 방법이다.

페르소나는 여러분이 개발할 시스템을 사용할 사람을 묘사한 것인데, 이는 여러분의 고객을 이해하는데 매우 유용하다. 플로 차트, 프로세스 플로, 시나리오는 역할극을 하거나 시스템이 어떻게 작동하는지 이해하고자 할 때 아주 훌륭한 도구이다. 시스템 지도와 정보 아키텍처 다이어그램은 일을 분담하고 관리하는 데 좋고, 콘셉트 디자인과 페이퍼 프로토타입은 어떤 기능이 어떻게 작동하는지 값싸게 시

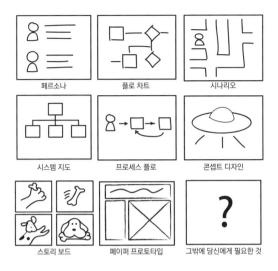

페르소나   플로 차트   시나리오

시스템 지도   프로세스 플로   콘셉트 디자인

스토리 보드   페이퍼 프로토타입   그밖에 당신에게 필요한 것

도해보는 데 좋다.

　우리가 '넓게' 이해하려 한다는 사실을 반드시 기억해야 한다. 그러니 너무 깊이 파고들지 않도록 주의해야 한다.

　하지만 이와 같은 그림을 이용해 시스템이 어떻게 작동할 것인지 이해하게 되었다면, 이제 더 파고들어 스토리를 찾아낼 준비가 된 것이다.

3단계: 스토리 많이 쓰기

그럼, 여러분이 그린 다이어그램이나 그림을 고객에게 보여주면서 사용자 스토리를 찾아내보자.

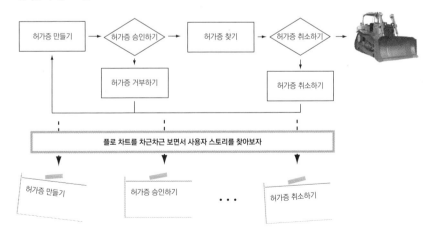

만약 여러분의 애플리케이션이 한두 개의 스크린 샷으로만 이루어져 있다면, 이를 기능별로 나누어 보자.

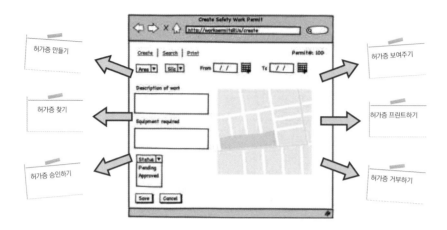

플로 차트 하나에서부터, 여러 개의 로우-파이 페이퍼 프로토타입lo-fi paper prototype에 이르기까지, 아마 여러분은 프로젝트에 필요한 핵심 스토리를 찾아낼 수 있을 것이다.

사용자 스토리를 찾아낼 때, 스토리가 작아 하루 혹은 닷새 안에 개발 가능한지, 독립적인지, 기능을 만족할 만한 여러 단계의 정보가 포함되었는지 확인해 보라. 어떤 스토리가 좀 크다고 생각된다고 해도 괜찮다. 개발하는데 몇 주정도가 걸리는 큰 스토리를 보통 '에픽'이라고 한다.

에픽epic은 대략적인 계획을 세우거나 나중에 필요할지는 모르지만 아직 확실치 않은 스토리를 담아 놓기에 아주 유용하다. 만약 핵심 기능을 담아놓은 에픽을 찾아냈다면 우선 다른 사용자 스토리와 똑같이 다루면 된다. 그 에픽이 개발에 필요할 때가 되면 그때 더 작은 스토리들로 나누면 된다.

3개월에서 6개월 정도의 프로젝트라면 10개에서 40개의 스토리면 보통 충분하다. 만약 찾아낸 스토리가 몇백 개라면 너무나 먼 미래나 구체적인 계획을 세우는 것은 아닌지 확인해보라. 다시 한 번 강조하지만 지금 우리는 넓게 보려는 것이지 길고 깊게 보려는 것이 아니다. 그러니 너무 깊게 파고들어 길을 잃는 일이 없도록 조심하길 바란다.

4단계: 그 외 모든 것에 대해 브레인스토밍하라

그림을 아무리 잘 그렸다 하더라도, 아마 그림으로는 우리가 프로젝트에서 필요로 하는 것을 다 담지 못할 것이다. 데이터 마이그레이션$^{data\ migration}$, 부하 테스트 $^{load\ testing}$, 회계 문서 작성, 출시 지원 서류, 교육 훈련 자료, 2주간의 사용자 인수 테스트 등. 이 모든 것을 다 카드에 적어, 우선순위를 정하고, 프로젝트에서 꼭 전달해야 하는 것으로 다뤄야 한다.

4.5 '프로젝트와 관련된 다양한 사람들과 만나라'(53쪽)에 나와 있는 그림을 꺼내 프로젝트를 성공시키기 위해 필요한 다른 요소에 관해서도 브레인스토밍 해보라. 만약 소프트웨어에 관련한 것이 아니더라도 해야 하는 것이 있다면, 카드에 작성해 놓아라.

5단계: 이제 리스트를 깔끔하게 정돈하자

리스트를 처음으로 완성했다면, 이제 이 리스트를 몇 번 더 훑어보면서 반복된 것이 있는지, 빠진 것은 없는지, 관련 있는 스토리들을 같은 그룹으로 묶어서 간단하고 쉽게 이해할 수 있는 TO DO 리스트 만들어보자. 이 리스트는 소프트웨어를 전달하기 위해 우리가 해야만 하는 리스트다. 축하한다! 이제 여러분은 프로젝트 계획의 첫 걸음을 내디뎠다!

마스터 선생과 열정적인 전사

제자: 스승님, 직접 대면해서 소통하는 것이 가장 효과적으로 시스템에 관한 정보를 나누는 방법이라면, 요구사항을 적는 것보다 고객과 이야기하는 데 더 많은 시간을 할애해야 합니까?

스승: 맞는 말이다.

제자: 그 말은 요구사항을 수집할 때 전혀 적을 필요가 없다는 뜻입니까?

스승: 그런 뜻이 아니다. 문서를 없애는 것이 목적이 아니다. 문서는 좋은 것도 나쁜 것도 아니니까. 프로젝트에 관한 정보를 나누기에 가장 효과적인 방법이 무엇인가를 아는 게 우리의 목적이란다.

제자: 그럼 요구사항을 수집할 때 서류 작성을 조금 하는 것은 괜찮은 거겠군요.

스승: 물론이지. 그저 서류 작성이 네 주요 임무가 되어서는 안 된다는 걸 기억하거라. 고객이 소프트웨어에 바라는 것이 무엇인지를 이해하는 데 초점을 맞추고, 모든 걸 다 적기에 서류로는 한계가 있다는 것을 기억하거라. 문서는 요구사항을 이해하기 위한 가장 마지막 선택이라는 것을 꼭 알고 있어야 한다.

제자: 감사합니다, 스승님. 오늘 배운 것은 명상을 하면서 생각해 보겠습니다.

그럼 다음 단계는?

친구여, 정말 잘 해주었다! 지금까지 여러분은 사용자 스토리가 고객이 소프트웨어에 바라는 기능들을 짧은 설명과 함께 표현해 놓은 것이라는 것을 배웠다. 이제 여러분만의 애자일 프로젝트 계획을 세우는 데 한 걸음 더 다가선 것이다.

다음 장에서는 개발 중에 반드시 부딪치는 문제들에 흔들리지 않기 위해 스토리 크기를 정하는 추정 방법에 대해 배울 것이다.

자, 그럼 애자일에서 추정치를 정하는 기술 뒤에 숨겨진 과학의 신비를 벗겨보러 가볼까?

7장

추정치 정하기:
예측하는 기술

추정하는 과정을 조금 더 현실성 있게 진행해보자. 애자일에서 처음 정한 추정치는 정말 대략적인 추측으로 이루어진다. 다시 한 번 강조하지만, 초기에 측정된 추정치는 확실한 추정치가 아니다.

하지만 애자일 방식으로 추정하는 방법을 배우면, 선행 추정에서 기대할 수 없는 정밀함과 정확성을 얻으려는 노력은 그만두게 된다. 대신 정말 중요한 일, 즉 여러분과 고객이 실천할 수 있고 믿을 수 있는 계획을 세우는 일에 집중하게 된다.

이번 장에서는 애자일에서 사용자 스토리를 어떻게 추정하는지 배우고, 팀원들과 함께 그룹으로 추정할 때 사용하면 유용한 기법에는 어떤 것이 있는지 알아보자.

7.1 개괄적으로 추정할 때의 문제점

현실을 직시하자. 소프트웨어 프로젝트에서 믿을만한 추정치를 예측하는 일은 언제나 쉽지 않은 일이었다.

이것은 추정치가 항상 틀려서라기보다는(거의 대부분의 경우가 그렇긴 하지만), 대부분의 사람들이 추정치가 절대 제공할 수 없는 것을 추정치를 통해 알고 싶어 하기 때문이다. 바로 '미래에 대한 정확한 예측'을 말이다.

> 존슨! 다음과 같은 시스템에 대한 정확한 추정치를 알려주겠나?

> 아직 스펙이 정해진 건 아니고, 어떤 기술을 사용할지도 결정하지 않았어. 또 팀의 구성원이 누가 될지, 내년에 비즈니스 환경이 어떻게 변할지 알 수 없는 상태이지만 말이야

마치 모든 사람이 자기도 모르게 다음과 같은 사실을 잊어버린 듯하다.

"대략적인 추정치는 그저 추측일 뿐이다"
(그것도 대부분 정말 현실성 없는, 너무나 낙관적인 추측 말이다)

이렇게 정확하지도 않고 대략적으로 정해진 추정치가 반드시 지켜야 하는 약속으로 바뀔 때, 바로 대부분의 프로젝트에 문제가 생긴다.

스티브 맥코넬은 이렇게 제대로 기능하지 않는 행위를 불확실성의 원추dysfunctional behavior라고 부르는데(그림 7.1, 바로 다음 페이지), 프로젝트의 인셉션 기간에 정한 첫 추정치가 많게는 400%까지 달라질 수 있다고 강조한다.

정확하게 측정된 추정치가 있을 수 없다는 것은 명백한 사실이다. 그러니 이런 추정치가 정확한 듯 착각하지 말아야 한다.

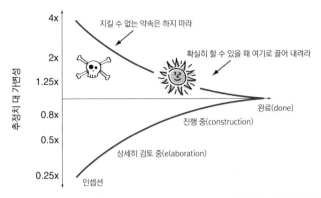

그림 7.1 불확실성의 원추(the cone of uncertainty)는 추정치가 프로젝트를 진행하는 과정 중에
얼마나 변할 수 있는지 상기시켜 준다.

이렇게 미리 측정된 추정치가 말해줄 수 있을 만한 것은 다음과 같은 질문뿐이다.

"이 프로젝트는 과연 가능하긴 한가?"
(우리에게 주어진 시간과 자원으로)

우리에게 필요한 것은 다음과 같은 기능을 제공해주는 추정치다.

- 미래 계획을 짤 수 있는 정보를 제공하고,
- 추정치는 추측일 뿐이라는 것을 상기시켜 주며,
- 소프트웨어 개발에는 본래 복잡성이 있다는 걸 인지하게 해주는 추정치

7.2 레몬을 레모네이드로 만들기

이제 우리는 애자일에서 처음 개괄적으로 정한 추정치가 믿을 만하지 못하다는 것을 알았다. 하지만 비용이 얼마나 들고, 기대하는 바가 무엇인지가 정해져야 한다는 사실 또한 변함이 없다는 것을 알아야 한다.

이를 위해 애자일 전사는 확실한 추정치를 얻으려는 사람이라면 할 만한 작업을 한다. 우선 무엇이든 개발하고, 얼마나 걸렸는지 계산해보고, 이 정보를 이용해 다음 계획을 세울 때 사용한다.

그렇게 하기 위해서는 다음과 같은 두 가지가 필요하다.

- 상대적인 크기로 측정된 스토리
- 진행 상황을 추적하기 위한 점수 시스템

상대적인 크기로 추정하기

초콜릿 칩 하나를 먹는데 10초가 걸린다고 가정해보자. 만약 누군가 초콜릿 칩을 7개, 14개(우유 한 컵도 포함해서)를 먹는데 얼마나 걸리느냐고 묻는다면, 당신은 어떻게 대답하겠는가?

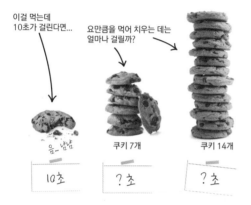

이걸 먹는데 10초가 걸린다면...

요만큼을 먹어 치우는 데는 얼마나 걸릴까?

음- 냠냠   10초

쿠키 7개   ? 초

쿠키 14개   ? 초

그럼 이제 다른 것을 추측해보자. 간단하지만 아마도 여러분이 많이 해보지 못한 걸로 말이다. 여러분은 다음과 같은 간단한 네 가지 작업을 하는데 시간이 얼마나 걸릴 것이라고 생각하는가?

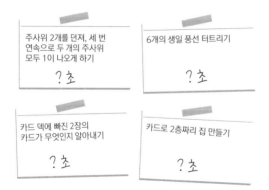

주사위 2개를 던져, 세 번 연속으로 두 개의 주사위 모두 1이 나오게 하기   ? 초

6개의 생일 풍선 터트리기   ? 초

카드 덱에 빠진 2장의 카드가 무엇인지 알아내기   ? 초

카드로 2층짜리 집 만들기   ? 초

여러분이 대부분의 사람들과 같다면, 아마 쿠키를 먹는데 걸리는 시간을 예측하는 건 비교적 쉽고, 나머지는 훨씬 예측하기 어렵다고 느낄 것이다.

IF 1 쿠키 = 10 초

THEN 7 쿠키 = 10초 × 7 = 70초

AND 14 쿠키 = 10초 × 14 = 140초   ⟩ 2배 크다

이 두 가지 예의 다른 점은 우리가 쿠키를 갖고는 상대적으로 추측했고, 카드를 셀 때는 절대적으로(정확히 얼마나 걸릴지) 추측하려고 했다는 부분이다.

인간에게는 어떤 것을 상대적으로 추측하는 능력이 생각보다 훨씬 뛰어나다는 것이 과학적으로도 증명된 바가 있다. 두 개의 바위가 우리 앞에 놓여있을 때, 우리는 어떤 바위가 다른 바위에 비해 상대적으로 큰지 정확히 말할 수 있다.

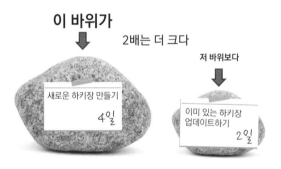

이 바위가

2배는 더 크다

저 바위보다

새로운 하키장 만들기

4일

이미 있는 하키장 업데이트하기

2일

하지만 그 바위가 정확히 얼마나 더 큰지 말하기는 쉽지 않다(절대적으로 추정하기).

이처럼 간단한 원리가 바로 애자일에서 '추정치 정하기와 계획 세우기'의 기초가 된다. 다른 스토리와 비교했을 때 그 스토리의 상대적인 크기를 정하고 우리 팀의 속도가 어떤지를 측정하면, 애자일 계획을 짜기 위한 요소가 모두 준비된 것이다.

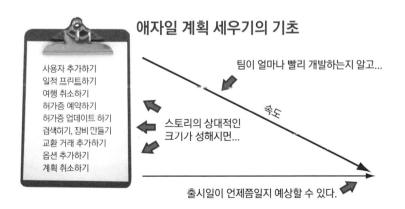

애자일 계획 세우기의 기초

사용자 추가하기
일정 프린트하기
여행 취소하기
허가증 예약하기
허가증 업데이트 하기
검색하기, 장비 만들기
교환 거래 추가하기
옵션 추가하기
계획 취소하기

팀이 얼마나 빨리 개발하는지 알고...

속도

스토리의 상대적인 크기가 정해지면...

출시일이 언제쯤일지 예상할 수 있다.

상대적인 추정치를 정할 때의 문제점은 우리가 추정치를 정할 때 고려하는 하루의 개념과 계획을 짤 때 생각하는 하루의 개념이 항상 같지 않다는 것이다. 현실에서 팀원들은 원래 추측했던 것보다 느리게 혹은 빠르게 작업하기 마련이니 말이다.

상대적인 하루 ≠ 달력에서의 하루

이런 모순을 피하고 계속해서 스토리를 다시 추정하는 번거로움을 없애기 위해, 애자일에서는 점수^{point}에 기반해 측정한다.

점수 기반 시스템

점수 기반 시스템은 프로젝트의 진행상황을 추적하고 추정치가 현실과 비교해 어떤지 걱정하는 일 없이 상대적으로 추정할 수 있도록 해준다.

예를 들어, 3일 정도로 예상했던 스토리가 실제로는 4일 정도가 걸렸다고 해보자.

다른 스토리의 추정치도 약 33% 조정할 수도 있다.

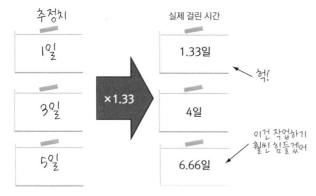

하지만 누가 1.33, 1.66 같은 숫자로 작업하고 싶겠는가? 이런 숫자는 정확도도 없지만, 만약 스토리를 몇 개 더 개발해보니 1.33일이 걸릴 줄로만 알았던 스토리가 사실은 1.66일이 걸린다면 어떻게 해야 한단 말인가? 다시 수정하겠는가?

애자일에서는 이렇게 끝도 없이 다시 추정해야 하는 문제로 골치 아파하지 않기 위해 간단하고 사용하기 편한 점수 기반 시스템을 사용한다. 그러면 추정치가 변하지 않고 달력에 나타난 시간에 목매지 않아도 된다.

소
1점
식은 죽 먹기야

중
3점
걸림돌 될 만한 건 없군

대
5점
이건 고생 좀 해야겠군

점수 기반 시스템을 사용하면 어떤 단위로 측정하는가는 중요하지 않다. 이런 측정은 절대적인 것이 아니라 상대적이니까 말이다.

Story #1
3점
3NUTS
3개의 거미 베어(gummy bears)[1]

단위는 중요하지 않다

* NUTS: Nebulous Units of Time (명료하지 않은 시간의 단위)

여기서 우리가 하고자 하는 것은 스토리의 크기를 숫자로 표현하고 다른 것들과 비교해서 스토리의 상대적인 크기를 정하는 것이다. 애자일로 추정하는 것은 소, 중, 대와 같은 티셔츠 크기로 스토리를 구분하는 것이라고 생각하면 이해하기 쉬울 것이다.

우리가 추정치에 매우 신경을 쓰는 것처럼 보이겠지만, 결국 추정치는 그렇게 중요한 것이 아니다. 스토리들을 서로 비슷한 방법으로 추정하다 보면, 어떤 스토리는 좀 크게 추정될 수도 있고, 또 다른 스토리는 실제보다 더 작게 추정되곤 하기 때문이다. 그러니 결국엔 다 균형이 맞게 된다.

점수 기반 시스템은 다음과 같은 효과를 가지는데, 연구에 따르면 우리는 이 시스템을 사실 매우 잘 사용하고 있다고 볼 수 있다.

---

1 옮긴이 'NUTs'와 'Gummy Bears'는 각각 Josh Kerievsky와 Joseph Pelrine에 의해 소개된 XP의 단위이다. NUTs는 팀의 속도를 측정할 때 어떤 단위를 쓰는 게 제일 적합한지 애매하다는 데서 착안해 나온 단위인데, 땅콩(Nut)은 피스타치오와 코코넛의 중간쯤 된다고 생각하면 어떤 의도인지 대략 짐작이 되리라 믿는다. 즉, NUTs는 시간과 점수의 중간을 나타내는 단계로 이 두 요소를 적당히 내포하고 있는 단위라고 해석할 수 있겠다. Gummy Bears는 그리 많은 시간이 소비되지 않아 추적하기 힘든 문제들이지만 팀의 최고 속도에는 영향을 줄만한 것들을 뜻한다. 더 자세한 내용은 http://c2.com/cgi/wiki?NebulousUnitOfTime와 http://c2.com/cgi/wiki?GummiBearsOfComplexity를 참고해보자.

- 추정치가 추측일 뿐이라는 것을 상기시켜 준다.
- 오직 크기만 측정한다 (시간이 지난다고 바뀌지 않는다)
- 빠르고 쉽고 간단하다.

맞는 말이다. 애자일 추정에 대해 제대로 이야기하기 전에는, 추정에 관한 이야기가 나올 때마다 점수를 사용하기보다는 오히려 며칠이 걸리는지를 측정하곤 했다. 그렇게 한 이유에는 두 가지가 있다. 첫째로, 점수를 사용하는 추정의 개념을 설명할 기회가 없었다. 두 번째 이유로는 애자일 팀 중에 이렇게 며칠이 걸릴지를 추정하는 팀도 있기 때문이다. 이런 팀들은 보통 이를 '이상적인 하루ideal days'라고 표현한다.

'이상적인 하루'는 스토리 점수의 다른 형태라고 할 수 있는데, 이는 아무런 방해도 받지 않는 장소에서 어느 누구의 방해도 받지 않으며 8시간 동안 줄곧 일할 수 있는 완벽한 하루를 의미한다.

물론 현실에서는 이런 이상적인 하루를 절대 갖지 못하겠지만, 어떤 팀들은 이런 개념이 도움이 된다고 생각한다.

이처럼 이상적인 하루를 사용해 추정하는 것도 가능하긴 하지만, 나는 보통 점수 사용을 더 선호한다. 점수로 표현하는 것이 더 명백하기 때문이기도 하지만, 또 다른 이유는 내가 생각하는 이상적인 하루가 다른 사람이 생각하는 것과 다를 수 있기 때문이다.

그러니 며칠이 걸리는지를 사용하여 추정하는 것이 아니라 점수를 이용해 추정한다고 너무 당황하지 마라. 앞으로 이 책에서는 점수를 사용해 추정치를 정할 테니 말이다. 하지만, 혹시라도 이상적인 하루의 개념을 사용하는 것을 보게 되더라고, 결국은 모두 같은 의미라고 이해하면 된다.

7.3 어떻게 하는 거죠?

이제 충분히 설명한 것 같다. 이제 직접 해볼 차례다. 여러분과 팀원들이 스토리에 적합한 크기를 정하기 위해 사용할 수 있는 기법 두 가지를 소개해 보겠다.

삼각측량^{triangulation}

삼각측량이란 기준으로 삼을 스토리를 몇 개 사용해서 다른 스토리들의 상대적인 크기를 추정하는 것이다.

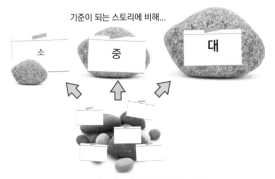

다른 스토리들의 상대적인 크기가 무엇인지 추정한다

예를 들어 우리 지역에 있는 자전거 상점에서 새로운 재고 시스템^{inventory system}을 구매했다고 가정해보자. 이 상점의 주인은 이미 이 재고 시스템에 대해 많이 알아보고 꽤 괜찮은 사용자 스토리 리스트를 작성했다. 그런데 이 스토리들을 추정하는 부분에서 약간의 도움이 필요하다.

마이크의 자전거 상점 자전거가 필요하십니까? 마이크와 상담하세요!

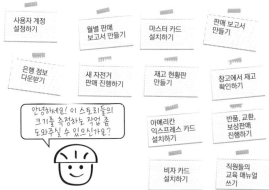

자, 그럼 이 스토리 리스트를 보고, 기준으로 삼을 만한 스토리가 있는지 살펴보자. 아주 이상적인 경우라면 한 이터레이션(보통 1~2주)에 작은 크기, 중간 크기, 충분히 큰 크기의 스토리가 골고루 포함되어 있을 것이다. 또한 다음과 같은 조건을 만족하는지 살펴보아야 한다.

- 논리적인 그룹으로 분류할 것
- 프로젝트의 시작부터 끝까지 맥락을 이어가는 스토리일 것(그 기능을 구현해 봄으로써 아키텍처가 제대로 되었는지 확인할 수 있도록)
- 우리가 프로젝트 전반에 걸쳐 볼 수 있는 전형적인 스토리일 것

이와 같은 사항들은 우리가 기준으로 삼을 만한 스토리를 고를 때 기억해야 할 부분이다. 이를 만족하는 스토리라면 개발을 하는 동안 우리가 전형적으로 볼 수 있는 지극히 평범한 스토리라고 할 수 있다.

리스트를 살펴보고, 다음 세 개 스토리를 기준으로 삼을 스토리로 정하기로 선택했다고 가정해보자.

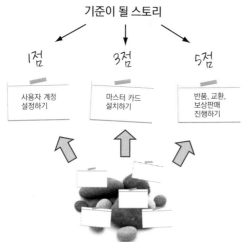

이제 비교할 만한 대상이 생겼으니, 나머지 스토리들을 살펴보고 크기를 추정해보자.

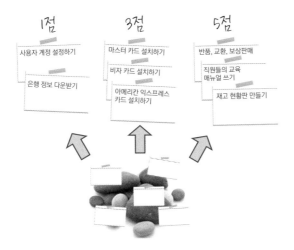

혹시 이 스토리들을 언젠가는 다시 추정해야 하는 게 아닌지 궁금한가? 맞다. 만약 몇 개의 스토리를 개발해보니 추정이 잘못된 스토리를 발견했다면, 당연히 다시 추정하고 더 현실적인 점수를 주어야 한다.

하지만 서로 비교해 보았을 때 스토리 크기가 상대적으로 잘 추정되었다면, 그냥 놔두는 게 상책이다. 계속 스토리 크기를 바꾸다 보면, 그럴 때마다 여러분 팀의 속도를 재조정해야 하기 때문이다(각 부분의 계획이 다른 속도를 갖게 돼 계획 짜기가 더 복잡해질 테니 말이다).

또한, 여러분이 해본 적이 없어 도저히 크기를 추정할 수 없다면, 스파이크spike를 하도록 하자. 스파이크란 정해진 시간 동안 추정치를 정할 수 있을 만큼의 정보를 탐색하기 위해 실험하는 일종의 탐색기간이다(실제로 스토리를 개발하는 것이 아니라는 뜻이다).

스파이크는 보통 며칠 이상 걸리지 않는데, 무엇인가를 빨리 시도해서, 고객에게 과연 비용이 얼마나 들 것인지 말할 수 있을 만큼의 정보를 얻기에 매우 훌륭한 방법이다. 스파이크를 한 후에, 고객은 그 스토리가 투자할 만한 가치가 있는지 결정할 수가 있다.

그럼 마무리하기 전에,, 팀과 함께 추정치를 정하고 팀원 간의 의견 일치를 이루기 위해 여러분이 알아두면 좋을 만한 도구인, 플래닝 포커planning poker를 소개하겠다.

플래닝 포커planning poker

플래닝 포커는 개발팀의 팀원들이 각각 스토리의 추정치를 먼저 정한 후에(1점, 3점, 5점과 같은 숫자가 쓰인 카드를 사용해서), 그 결과를 모두와 비교하는 게임이다.[1]

만약 모두의 추정치가 대략 비슷하다면, 그 추정치를 유지한다. 하지만 만약 서로 많이 다르다면, 팀원들은 논의를 통해 의견이 일치될 때까지 다시 추정하도록 한다.

플래닝 포커는 개발을 할 사람들이 추정을 하는 것이기 때문에 믿을 수가 있다. 이 게임은 개발자를 포함하지만, DBAs, 디자이너, 기술 문서 작성 담당자, 이 밖에 스토리를 전달할 책임이 있는 사람이라면 누구나 포함될 수 있다.

이 게임은 토론을 하는 과정이 있기 때문에 매우 강력한 힘을 가진다. 누군가는 이 스토리가 작다고 하고, 다른 누군가는 그 스토리가 크다고 주장한다면, 누가 맞고 그른지가 중요한 게 아니다(이런 상황은 토론을 통해 자연스레 정리가 될 테니 말이

---

1 옮긴이 플래닝 포커 카드 게임에 대해서는 『불확실성과 화해하는 프로젝트 추정과 계획(Agile Estimating and Planning)』(인사이트, 2008)에서 자세히 다루고 있다.

1. 고객이 스토리를 읽는다.

개발팀이 질문을 한다

2. 팀원들이 추정치를 정한다.
이때 테스트 시간도 포함해서 추정해야 한다.

3. 팀원들이 서로 토론한다.

토론...

4. 팀원들이 다시 추정치를 정한다.
의견 일치가 될 때까지 반복한다.

다). 팀원들이 이토록 값진 토론의 시간을 갖는다는 것, 바로 이 점이 게임에서 가장 중요한 부분이다.

분명히 말하지만 플래닝 포커는 투표 시스템이 아니다(즉, 3명의 주니어 개발자가 1명의 시니어 개발자를 투표 수로 이길 수는 없다는 뜻이다). 하지만 누구나 자신의 의견을 피력할 수 있는 기회를 제공함으로써, 보다 나은 추정치를 얻게 해 줄 것이다.

플래닝 포커 카드에 8점, 13점, 20점, 40점, 100점 등으로 적힌 숫자는 필요 없으니 너무 신경 쓰지 말도록 하자.

플래닝 게임은 되도록 단순하게 유지하도록 하자. 스토리는 작게 추정하고(1점, 3점, 5점에 가끔 에픽(매우 큰 스토리나 기능)이 섞여있는 정도), 정확하지도 않고 소음만 만들 뿐인 다른 숫자들을 되도록 사용하지 말도록 하자.

마스터 선생과 열정적인 전사

제자: 스승님, 애자일에서는 추정할 때 정확도에는 별로 신경 쓰지 않고 상대적인 추정치를 정하는 게 더 죽요하다는 게 사실인가요?

스승: 누구든 추정할 때 가장 정확한 추정치를 예측하도록 최선을 다해야 한다. 그러니 정확도에 전혀 상관하지 않는다고 말하는 것은 잘못 이해한 것이다.

제자: 그러면 스토리를 추정할 때 정확도와 상대적인 크기, 이 모두에 초점을 맞추도록 노력해야 한다는 말씀이신가요?

스승: 그렇단다. 그러니 네가 할 수 있는 한 정확하게 추정하거라. 다만 그 값이 그리 정확하지 않을 거라는 정도는 예상해야 한다. 우선 스토리의 상대적인 크기가 정해지고 팀의 생산속도가 측정됐을 때야 비로소 현실적이고 실현 가능한 계획을 세울 수 있을 테니 말이다.

제자: 그럼 추정치를 정확하게 측정하도록 최선을 다하되, 스토리 크기가 서로 비교해봤을 때 상대적으로 잘 측정되었는지 확인하는 데 시간을 더 투자하라는 말씀이시군요.

스승: 그렇단다. 추정할 때 이렇게 조금씩 들인 공이 길게는 큰 도움이 될 것이다. 그렇다고 추정치가 부정확하다는 사실에 너무 매이지 말도록 하거라. 스토리를 상대적인 크기로 추정하고, 이를 있는 그대로 받아들이거라. 그런 후에는 이에 따라 프로젝트에 대한 적절한 기대치를 세우면 되는 것이다.

제자: 감사합니다, 스승님. 조금 더 생각해 보겠습니다.

다음 단계는?

축하한다! 점수 기반 시스템으로 사용자 스토리를 상대적으로 추정하는 방법을 배웠으니 이제 여러분은 애자일 계획을 짜기 위해 필요한 모든 것을 다 갖추었다.

애자일 프로젝트 계획짜기에서는 여러분이 프로젝트를 예측하고 상황을 추적할 때 필요한 도구에 대해 알아보고 여러분과 고객이 모두 믿을 수 있는 계획을 짜도록 해보자.

프로젝트 계획과 인셉션 덱이 모두 준비 되었으니, 이제 우리는 프로젝트를 실행하기 위해 필요한 기본 요소를 다 갖추었다.

자, 그럼 '애자일 프로젝트 계획 짜기'의 비밀을 파헤쳐볼까?

8장

애자일로 계획 짜기: 현실을 반영한 계획 수립하기

자자, 그런 상황에 빨리 익숙해져야 한다. 아무리 잘 짜인 계획도 머피의 법칙을 피해갈 수는 없다. 그러니 이런 예상치 않은 변화에 대처할 방법이 없다면, 프로젝트는 아마 산 채로 당신을 잡아먹으려 들 것이다.

이번 장에서는 어떻게 현실적인 계획을 세우고 이를 지켜나갈 것인지 배워 보자.

애자일 방식으로 프로젝트 계획을 짜는 것을 배우면 여러분이 짠 계획이 항상 최신의 정보를 기반으로 만들어졌다는 사실에, 밤에 마음 편히 잠을 청할 수 있을 것이다. 프로젝트에 대한 기대는 정직하고 투명하게 설정되고, 변화는 두려워할 대상이 아닌 경쟁력이 될 테니 말이다.

8.1 정적인 계획의 문제점

혹시 다음과 같은 경험을 해본 적이 있는가? 프로젝트가 예상했던 것처럼 순조롭게 시작되었다, 완벽한 팀이 있었고, 필요한 기술력도 확보했으며 계획 또한 손색이 없었다. 프로젝트가 시작된 몇 주 동안은 아무런 문제가 없어서 이보다 더 나은 프로젝트가 있으랴 싶었다. 아니, 그런데 갑자기 '콰광~!' 이게 무슨 일인가?

팀원이 바뀌다

팀의 수석 개발자가 회사 차원에서 전략적으로 매우 중요한 다른 프로젝트로 영입되어 버렸다. 얼마 전까지만 해도 바로 우리 팀이 전략적으로 매우 중요한 팀이라.불리곤 했는데 말이다. '그래, 아직 시간이 있으니까 괜찮아. 해 낼 수 있어'라고 생각했지만, 웬걸……

팀이 생각보다 빠르지 않다는 걸 깨닫다

계획했던 속도   실제 속도

여러분이 생각하기에 팀원이 잘 할 수 있다는 것과 그들이 정말 해낼 수 있는 것은 서로 전혀 다른 개념이다. 게다가, 프로젝트가 절반이나 지나서야……

고객이 자신이 정말 원하는 것이
무엇인지 알게 된다.

그렇게 간단하고 쉽게 개발할 수 있을 것만 같았던 웹 애플리케이션이 왜 이리 어렵고 복잡한지…… 한 방에 끝나리라 여겼던 것들이 남아 있는 시간과 인력으로는 도저히 완성할 수 없어 보인다. 그리고 마침내 숨겨져 있던 폭탄이 터져버렸다.

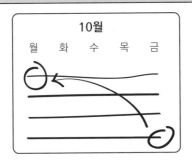

지나고 보니 애플리케이션이 생각보다 더 빨리 비즈니스에 필요하게 되었다. 새로운 출시 날짜를 맞추기 위해, 테스트 과정도 생략하고, 팀원들은 휴가조차 반납하며 일했는데, 출시된 소프트웨어는 품질이 나빠 누구도 사용할 수 없는 불량품이 되어버렸다. 이 프로젝트는 결국 출시 날짜도 못 맞추고, 비용도 초과한 실패한 IT 프로젝트 중 하나가 되었다.

이 이야기가 남의 이야기처럼 들리지 않는다면, 여러분이 혼자가 아니라는 사실에 조금이나마 위안을 삼기 바란다. 팀원이 바뀌고, 일정이 줄어들고, 요구사항이 끊임없이 바뀌는 문제는 주목할 만한 프로젝트라면 으레 생기는 일이다.

이런 현실에 대응하기 위해서는 다음과 같은 조건을 만족하는 계획을 세워야만 한다.

- 고객에게 중요한 가치를 전달하는 계획
- 가시성이 높고 투명하며 정직한 계획
- 현실적으로 실행 가능한 약속만을 하는 계획
- 필요하다면 계획을 조정하고 변경할 수 있는 유연함을 가진 계획

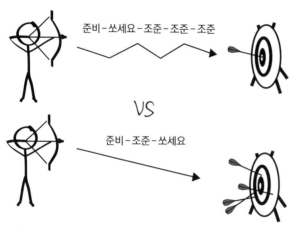

준비-쏘세요-조준-조준-조준

VS

준비-조준-쏘세요

변화를 어떻게 받아들여야 하는지 대충 감을 잡았다면, 이제 본격적으로 애자일 계획을 세워보자.

8.2 애자일 계획 세우기

아주 간략히 말해서 애자일로 계획을 세운다는 것은 여러분의 팀이 사용자 스토리를 얼마나 신속하게 잘 작동하면서도 출시 가능한 소프트웨어로 만들 수 있는지를 측정해서 언제쯤 소프트웨어가 완성될지 추측하는 작업에 불과하다.

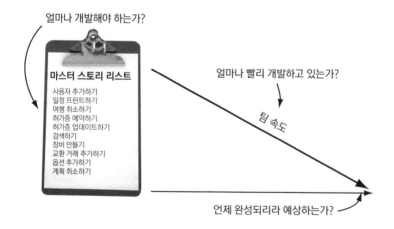

얼마나 개발해야 하는가?

마스터 스토리 리스트

사용자 추가하기
일정 프린트하기
여행 취소하기
허가증 예약하기
허가증 업데이트하기
검색하기
장비 만들기
교환 거래 추가하기
옵션 추가하기
계획 취소하기

얼마나 빨리 개발하고 있는가?

팀 속도

언제 완성되리라 예상하는가?

애자일 프로젝트에서 팀이 완성해야 하는 일을 '마스터 스토리 리스트'라고 부른다. 이 리스트에는 고객이 소프트웨어에 원하는 기능이 모두 나열되어 있다.

예전에 2억이 넘는 가스 회계 시스템을 7천만 원에 개발하기 위해 고객의 회사에서 일한 적이 있었다. 프로젝트에 허락된 예산이 실제 필요의 절반에도 못 미치자, 회사 측에서는 프로젝트를 시간 내에 마치기 위해서는 어쩔 수 없다면서 우리에게 야근이나 주말근무를 하도록 요구했다.

굳이 설명하지 않아도 이 프로젝트가 어땠을지 짐작하리라 믿는다. 이터레이션을 계획하는 회의를 할 때마다 회사 측에서는 우리 팀의 업무속도를 두 배로 높여야 한다고 요구했고, 우리는 거절하는 과정을 반복했다.

드디어 어느 날 최악의 상황이 벌어졌다. 그들은 나를 따로 불러 세우고는 우리 팀이 더 열심히 일하지 않아, 시스템을 사용하는 고객들과 지난 일년간 쌓아온 자신들의 신용이 무너져 버렸다고 했다. 그리고는 더 이상 이 프로젝트를 진행할 필요 없다고 통보해 왔다.

결국 나는 고객에게 실패를 안겨주었다. 공정하게 말하자면 우리는 몇 가지 치명적인 실수를 저질렀다. (프로젝트 초기에 인셉션 덱을 하지 않은 것, 애자일 계획을 세워 일한다는 것이 어떤 의미인지 분명하게 설명하지 못한 점 등).

하지만 회사의 문화 또한 굉장히 중요하다. 모든 사람이 애자일이 가져다주는 가시성과 투명성을 좋아하는 것은 아니다. 그러니 여러분은 애자일 계획을 세워 일한다는 것이 어떤 뜻인지, 계획이 현실과 다를 때 어떻게 할지에 대해 고객에게 충분히 설명해 주어야 한다.

사용자 스토리를 작동하는 소프트웨어로 만드는 속도를 '팀(의 업무) 속도^{team} ^{velocity}'라고 한다. 이는 팀의 생산성을 측정하고 소프트웨어의 출시 날짜를 예상하는데 사용된다.

애자일에서 '이터레이션'은 프로젝트를 하는 동안 우리가 해야 할 일을 완성하도록 이끌어주는 엔진 역할을 하는데, 이는 보통 사용자 스토리를 출시 가능한 소프트웨어로 만드는 1~2주 동안의 기간을 일컫는다.

프로젝트에 필요한 '총 작업량'을 '팀의 업무속도'로 나누면 대략적인 출시 날짜를 예상할 수 있는데, 그럼 출시하기까지 대략 몇 개의 이터레이션이 필요할지 추측할 수 있다. 그리고 이렇게 예상된 이터레이션이 모여 프로젝트의 계획이 된다.

이터레이션 = 총 작업량/ 팀의 업무속도

예를 들어

이터레이션 = 100포인트/ 매 이터레이션마다 10포인트 = 10이터레이션

여기서 처음 세운 프로젝트 계획은 순전히 예측일 뿐이라는 것을 이해하는 것이 매우 중요하다. 어떤 약속도 확실한 보장도 없는 우리의 '추측' 말이다. 프로젝트의 초기에는 팀의 업무속도를 잘 모르기 때문에 가치 있는 무엇인가를 개발해서 얼마나 걸렸는지 알아보기 전까지는 우리가 예상한 출시 날짜가 얼마나 현실적인지는 아무도 모르는 일이다.

프로젝트 초기에 세운 계획을 마치 반드시 따라야만 하는 계획으로 여기는 게 바로 대부분의 프로젝트가 시작도 하기 전에 실패하는 이유다.

자, 이제 개발이 시작됐다. 아마 다음 두 가지 중 하나의 경우가 생길 것이다. a) 예상보다 빠르게 진행되거나 b) 원래 계획 했던 것보다 느리게 진행되거나 말이다.

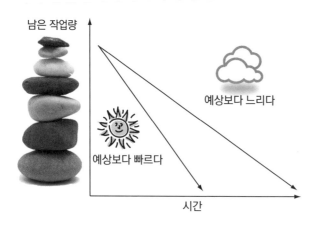

예상보다 빠른 경우라면 여러분 팀이 원래 계획보다 일을 빠르게 처리한다는 뜻이고, 예상보다 느린 경우라면(훨씬 자주 나타나는 현상) 할 것은 많은데 시간이 부족하다는 뜻이다.

해야 할 일이 너무 많은 경우 애자일 팀은 작업량을 줄인다(정말 바쁜 주말에 여러분이나 내가 그러는 것처럼 말이다). 처음 세운 계획을 그대로 실행하는 대신, 범위를 줄여 계획을 다시 세우도록 하자.

8.3 범위에 유연하라!

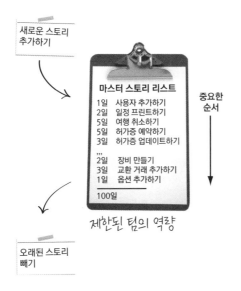

애자일 프로젝트에서 본래 계획의 취지를 유지할 수 있는 이유는 이처럼 범위에 유연하기 때문이다.

고객이 새로운 스토리를 추가할 때마다 오래된 스토리를 없애도록 하면서, 애자일 팀은 고객이 엄청난 비용을 지불하지 않고도 언제든지 마음을 바꿀 수 있는 기회를 제공한다.

애자일 원칙

뒤늦게 요구사항이 바뀌더라도 즐겁게 받아들여라.
애자일 프로세스는 고객이 경쟁에서 우위에 서도록 변화를 활용한다.

이렇게 하면 고객은 모든 요구사항을 (쓸데없는 요구사항을 최소화해서) 한 번에 다 쏟아내야 한다는 생각에서 벗어나게 된다. 그리고 고객과 개발팀이 사전에 모든 것을 완벽하게 얻으려 노력하기보다 프로젝트를 진행하면서 배울 수 있도록 해준다.

사실 조금 더 기술적으로 말하자면, 새로운 스토리를 추가했다고 해서 반드시 이전의 스토리를 버려야 하는 건 아니다. 예를 들어, 이전 스토리가 정말 원하는 기능이라 비용을 지불할 의향이 있다면, 출시 날짜를 조금 연기할 수도 있으니 말이다.

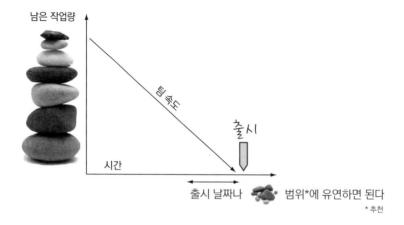

남은 작업량

팀 속도

출시

시간

출시 날짜나 범위*에 유연하면 된다

*추천

하지만 고객이 기대해선 안 되는 게 있다. 바로, 새로운 스토리를 추가하고도 그만한 크기의 다른 스토리를 포기하지 않으려는 것이다. 그건 희망사항일 뿐, 애자일 계획에선 그런 방식이 먹히지 않는다.

출시 날짜를 늦추느냐 범위를 줄이느냐 중 하나를 선택하라면 애자일 전문가들은 보통 후자를 선택한다. 하지만 불행하게도 현실에서는 출시 날짜는 끊임없이 연기하면서, 제대로 작동하는 소프트웨어는 제때 출시하는 일은 잘 하지 못한다.

정해진 날짜에 출시를 하든, 핵심기능을 모두 완성하려 하든, 범위에 유연성을 두어야 한다는 사실은 여러분과 고객이 모두 잘 숙지해야 할 개념이다. 범위의 유연함은 계획을 현실적으로 유지하고, 여러분의 팀이 너무 욕심부리지 않도록 해주기 때문이다.

만약 여러분의 고객이 범위에 유연하지는 않으면서 계속 새로운 기능을 추가하려고만 한다면 어떻게 해야 할까?

몇 가지 선택이 있다.

첫째는 눈 딱 감고 거짓말을 하면서, 다른 사람들처럼 이전에 계획된 대로 계속 수행하는 것이다. 혹은 팀의 업무속도는 무시하면서, 완료할 스토리 숫자를 덧보

태 과도하게 낙관적인 추정을 하고는 제발 좋은 결과가 나오게 해달라고 기도하는 것이다(우리는 이를 흔히 '기적을 바라는 경영'이라고 한다).

그게 아니라면 현재 상황을 사실 그대로 제시하고 고객에게 있는 그대로를 이야기 하는 것이다. 고객과 마주 앉아 어색하고 불편하기만 한 침묵의 시간을 견디다 보면, 결국 고객도 여러분이 더 이상 사실을 숨기려 하지 않는다는 걸 깨닫게 될 것이다. 여러분이 계속 허울을 뒤집어쓰고, 지난 40년간 소프트웨어 산업이 끊임 없이 해 온 최악의 거짓말에 공모자가 될 생각이 없다는 사실을 말이다.

전문가가 되는 일이 쉽다고 하는 이는 아무도 없다.

자, 그럼 여러분이 처음 세운 애자일 계획을 좀 더 자세히 살펴보자.

8.4 첫 계획

처음 애자일 계획을 세우는 일은 눈코 뜰 새 없이 바쁜 주말을 준비하는 것과 별반 다를 게 없다. 우선해야 할 일을 적어 놓는 목록을 만드는 일부터 시작해보자.

1단계: 마스터 스토리 리스트 작성하기

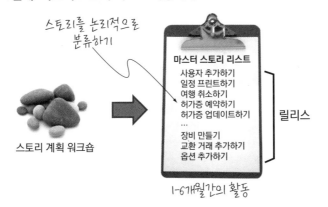

마스터 스토리 리스트는 여러분의 고객이 소프트웨어에 원하는 기능을 나열해 놓은 사용자 스토리를 모아 놓은 곳이다. 고객이 정한 우선순위와, 개발팀이 측정한 추정치를 가진 이 스토리들은 여러분 프로젝트 계획의 기본이 된다.

좋은 마스터 스토리 리스트는 보통 1~6개월 정도의 작업량을 가진다. 이 기간을 넘어선 미래의 스토리를 수집한다는 건, a) 6개월 후에 세상이 어떻게 바뀌어 있을지 모르고, b) 안다고 하더라고 이 스토리를 당장 개발할 수도 없기 때문에 쓸데없는 짓이다.

리스트에 적힌 스토리를 가끔은 모두 개발할 수 있을지 모르지만, 대부분의 경우 시간과 비용이 허락하는 것보다 해야 할 일이 많아 그러지 못할 확률이 높다.

그래서 애자일 팀은 어떤 스토리가 범위 안에 들고, 어떤 스토리가 범위 안에 들지 못할지 예상해서, 마스터 스토리 리스트 중 범위 안에 드는 스토리 일부만을 뽑아 '릴리스'라고 부른다.

릴리스 정의하기

릴리스란 함께 묶어 전달deploy했을 때 고객에게 가치가 있는 스토리들을 논리적으로 분류해 놓은 그룹이다. 이는 '출시할 만한 최소한의 기능을 모아놓은 세트Minimal Marketable Feature set, MMF'[1]라고도 불린다.

MMF의 첫 자인 M은 '최소한Minimal'에서 따왔는데, 이는 신속하게 고객에게 가치를 전달하자는 걸 기억하기 위해 사용되었다. (또한 한 시스템의 80% 가치는 20% 정도의 기능에서 온다는 것도). 그러니 첫 번째 릴리스에서는 고객에게 가장 많은 가치를 전달할 최소한의 기능만을 선별하도록 하자.

애자일 원칙

단순함, 하지 않아도 되는 일은 최대한 안 하게 하는 기교, 이것이 핵심이다.

MMF의 두 번째 M은 '출시할 만한Marketable'의 첫 자인데, 이는 우리가 출시한 기능들은 반드시 고객에게 가치 있어야 한다는 걸 기억하기 위해 사용되었다. 고객에게 가치 없는 기능이라면 아무도 사용하지 않을 테니 말이다. 따라서 첫 번째 릴리스에 포함할 스토리를 선택할 때는 '최소한Minimal'과 '출시할 만한Marketable'이라는 두 가지 요소를 반드시 고려해야 한다.

---

1 Software by Numbers: Low-Risk, High-Return Development [DCH03]

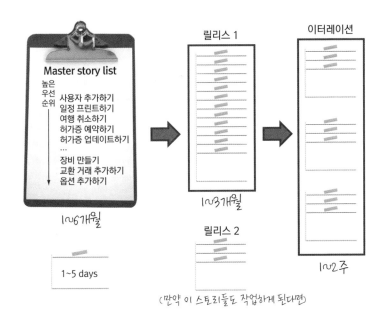

릴리스 1

이터레이션

Master story list

높은
우선
순위
사용자 추가하기
일정 프린트하기
여행 취소하기
허가증 예약하기
허가증 업데이트하기
...
장비 만들기
교환 거래 추가하기
옵션 추가하기

1~6개월

1~3개월

1~2주

릴리스 2

1~5 days

(만약 이 스토리들도 작업하게 된다면)

릴리스와 마스터 스토리 리스트를 정의했으니, 이제 스토리 크기를 정리해보자.

2단계: 크기 정하기

7장 「추정치 정하기: 예측하는 기술」(101쪽)에서 우리는 애자일 팀이 스토리의 크기를 정하기 위해 어떤 기법을 사용하는지에 대해 알아보았다.

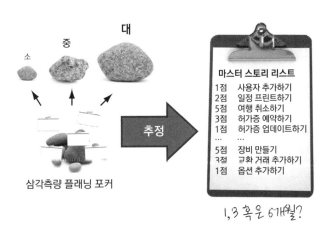

소   중   대

추정

삼각측량 플래닝 포커

마스터 스토리 리스트

1점 사용자 추가하기
2점 일정 프린트하기
5점 여행 취소하기
3점 허가증 예약하기
1점 허가증 업데이트하기
... ...
5점 장비 만들기
3점 교환 거래 추가하기
1점 옵션 추가하기

1, 3 혹은 6개월?

소프트웨어의 기능 중 64%는 사용자가 거의 사용하지 않거나 한 번도 쓰지 않는다는 걸 알고 있는가? 놀랍게도 사실이다![1]

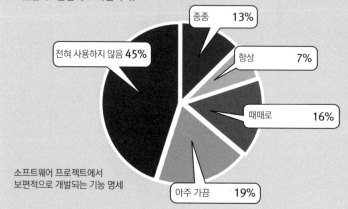

소프트웨어 프로젝트에서
보편적으로 개발되는 기능 명세

종종 13%
항상 7%
전혀 사용하지 않음 45%
때때로 16%
아주 가끔 19%

곰곰이 생각해보자. 마이크로소프트 워드의 그 많은 기능 중에서 얼마나 많은 기능을 사용하는가? 5%? 10%? 혹시 파워유저라면 20%쯤 될까?

고객이 자신들에게 가장 중요한 것에만 집중하고 나머지는 제쳐두도록 한다면, 우리는 빠른 시간 안에 그들이 원하는 소프트웨어를 전달할 수 있음은 물론이고, 동시에 소중한 시간과 비용을 절약할 수 있을 것이다.

---

1 짐 존슨(Jim Johnson)이 XP2002에서 보고한 스탠디시 그룹 연구(Standish Group study)

자, 그럼 이제 이 릴리스가 얼마나 큰지 알아보고 이 프로젝트가 대략 1개월이 걸릴지, 3개월이 걸릴지 혹은 6개월, 9개월이 걸릴 프로젝트인지 예상해보자.

여러분이 해야 할 일의 리스트 크기가 측정되었다면, 이제 우선순위에 대해 이야기해 보자.

3단계: 우선순위 정하기

번개가 언제 칠지는 아무도 모른다. 프로젝트가 취소되거나 기간이 단축된다는 소식이 언제 들려올지는 아무도 모른다는 말이다. 그래서 우리는 항상 중요한 것을 먼저 개발해야 한다. 고객이 비즈니스 관점에서 바라보았을 때 중요한 순서대로, 마스터 스토리 리스트에 있는 스토리의 우선순위를 정한다면 지불한 비용으로 최대의 가치를 얻을 수 있을 것이다.

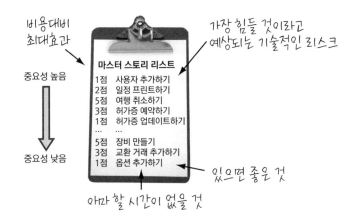

고객은 무엇을 언제 개발할지 결정할 권한이 있긴 하지만, 여러분도 아키텍처와 관련된 위험을 줄이기 위해서 어떤 스토리가 먼저 개발되면 좋을지 고객에게 추천할 의무가 있다.

예를 들어, 먼저 개발하기에 좋은 스토리란 고객이 중요하게 생각하는 것, 여러분이 선택한 아키텍처가 실제로 적합한지 확인할 수 있는 것 등이다. 이렇게 일찍이 중요한 부분들을 완성해 나가면, 많은 리스크를 줄이고 최고의 시스템을 만들수 있는 귀중한 통찰력도 얻게 된다. 그러니 두려워하지 말고 여러분의 전문지식과 경험을 최대한 활용해 자신의 의견을 제시하라.

우선순위와 추정치가 정해진 리스트를 가졌으니, 출시일에 대해 논의할 준비가거의 되었다. 그러나 그 전에 여러분과 여러분의 팀이 얼마나 빨리 개발할 수 있는지 생각해볼 필요가 있다.

4단계: 팀의 업무속도 측정하기

애자일 계획은 과거에 소프트웨어를 출시했던 경험을 바탕으로 미래에 대한 계획을 세우는 것이기 때문에 실천가능하다. 하지만 프로젝트 초기에는 팀이 얼마나 빠르게 작업할 수 있는지 알 수 없기 때문에 추측할 수밖에 없다.

개인의 업무속도가 아닌 팀의 업무속도

팀 업무속도에 기반해 계획을 세운다는 것은 하나의 팀으로써 약속을 하는 것이다. "우리 팀은 이터레이션마다 이 정도의 가치를 전달하겠다"라고.

이런 팀의 업무속도는 프로젝트 관리를 어둠으로 인도하는 '팀원 개인의 생산성 측정하기'와는 매우 다른 개념이다.

만약 더 많은 버그, 더 많은 재작업, 팀원 간에 무수한 오해와 결여된 협력, 빈약한 기술력, 게다가 정보가 원활히 공유되지 않는 상황을 원한다면 얼마든지 개인적인 생산성을 기준으로 각 개발자를 부각시키거나, 승진 또는 포상하라.

그러나 이런 방식은 우리가 프로젝트를 더 빨리 진행하고 추진하기 위해서 장려하는, 팀원 간에 아이디어 공유하기, 서로 돕기, 항상 주변에 주의를 기울여 부주의로 인한 실수 방지와 같은 애자일의 정신과 실천사항을 해친다는 것은 알아두기 바란다.

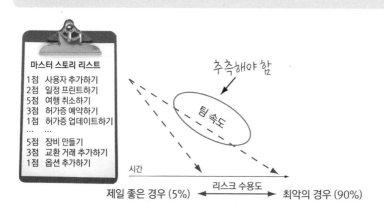

만약 모든 스토리가 같은 크기라면, 아래와 같이 단순하게 계산해 볼 수 있다.

팀의 업무속도 = 완성된 스토리 / 이터레이션

하지만 대부분의 스토리가 다른 크기를 갖고 있으니, 이런 경우에는 보통 다음과 같이 계산한다.

팀의 업무속도 = 완성된 스토리 포인트 / 이터레이션

프로젝트 초기에는 팀의 업무속도에 기복이 많으므로 너무 당황할 필요 없다. 이는 서로 알아가면서 어떻게 함께 잘 일할 수 있는지 조정해 가는 기간에 나타나는 자연스런 현상이다.

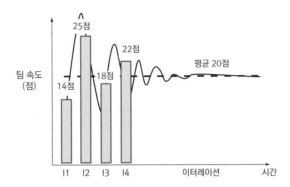

하지만 서너 번의 이터레이션을 경험한 후에는 업무속도가 틀에 잡히고, 여러분의 팀이 얼마나 빨리 개발할 수 있는지 대략 감이 잡힐 것이다.

팀의 업무속도를 추정하는데 반드시 지켜야 할 법칙이 있는 것은 아니다. 그러니 이터레이션마다 스토리를 얼마나 완성할 수 있을 것 같은지 직접 팀에게 물어보라. 이때 고객의 요청에 응할 여유 시간이나 팀이 서로 다른 공간에서 일한다는 점 등은 반드시 감안해야 한다.

또한 완료의 의미가 무엇이고(1.3 '완료의 의미' 8쪽), 애자일에서 고객에게 스토리를 전달한다는 건 분석, 테스트, 설계와 코딩이 모두 선행되었다는 뜻임을 모두가 이해하도록 해야 한다.

마지막으로, 첫 예상치를 정할 때는 너무 공격적이지 않은 것이 좋다. 행복으로 가는 비밀은 바로 기대를 낮추는 데에 있다. 기대를 너무 높게 잡으면, 이를 낮게 잡았을 때보다 힘든 대화를 하게 될 것이다. 그러니 보수적이되, 이해관계자들에게는 아직 예상일 뿐이라 당부하고, 프로젝트가 시작한 첫날부터 업무속도를 측정하도록 하라.

그럼 이제 스토리 리스트와 업무속도 측정값이 있으니, 출시일을 예상해 보자.

5단계: 날짜 예상하기

출시 예상 날짜를 추측하는 데는 '날짜에 맞춰 출시하기'와 '기능 세트 별로 출시하기'의 두 가지 방법이 있다.

날짜에 맞춰 출시하기

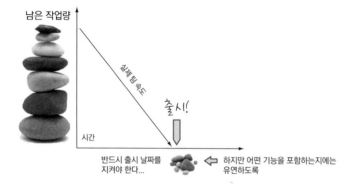

날짜에 맞춰 출시를 한다는 건 마치 모래 위에 금을 그어놓고, "이 날까지는 무슨 일이 있어도 제품을 출시해야 해"라고 하는 것과 같다.

중요한 사용자 스토리가 나중에 새로 발견되었다면, 그만한 크기의 조금 덜 중요한 스토리를 범위에서 **빼야** 한다.

이런 상황은 우리로 하여금 범위에 관련해 어려운 선택과 트레이드오프를 하는 상황을 초래한다. 하지만 그런 와중이라도 개발은 계속 진행되어야 한다는 걸 모두가 알도록 해야 한다.

만약 출시일의 변경이 가능하고, 핵심 기능 세트가 출시되는 것이 더 중요하다고 여긴다면 기능 세트 별로 제품을 출시하는 방법을 선택할 수 있다.

기능 세트 별로 출시하기

이 방법은 핵심 기능 세트가 완성될 때까지 작업하는 방식이다.

이 방법을 사용할 때도 범위에 유연성을 갖도록 해야 하는데, 이는 새로운 기능이 언제고 발견될 수 있기 때문이다. 하지만 이 방법은 팀이 전달하고자 하는 몇 가지 핵심 기능들만은 출시 날짜를 조금 변경해서라도 반드시 완성해서 함께 출시하는 방식이라는 것을 기억해야 한다.

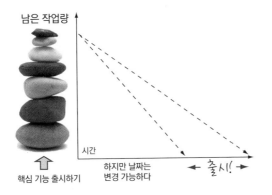

남은 작업량

시간

핵심 기능 출시하기

하지만 날짜는
변경 가능하다

출시!

이런 출시 방식은 핵심 기능을 출시할 수 있으면, 출시일과 관련한 리스크 비용을 알아볼 수 있다는 장점이 있다. 리스크를 얼마나 감내할 것인가는 여러분의 고객과 스폰서가 결정해야 한다.

이게 바로 애자일 계획을 세우는 방식이다! 스토리를 측정하고 우선순위를 정해서 마스터 스토리를 만들고, 여러분 팀의 속도를 추정한 다음, 출시 날짜를 정하는 순서로 말이다.

그럼 마지막으로 여러분이 기대치를 세울 때 꼭 알아두면 좋을 훌륭한 도구 '번다운burn-down 차트'에 대해 알아보자.

8.5 번다운 차트

비록 프로젝트 번다운 차트에 대해 정식으로 소개하진 않았지만, 여기까지 오면서 여러분도 이미 몇 번 본 적이 있다. 번다운 차트란 한 팀이 고객의 사용자 스토리를 완성하는 속도를 보여주는 그래프로써, 대략 언제쯤 프로젝트가 완성되는지 알려줄 수 있다.

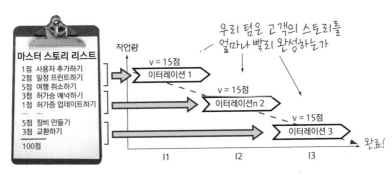

y축은 남아있는 일의 양('앞으로 작업 가능한 날'이나 점수)을, x축은 이터레이션을 나타낸다. 각 이터레이션마다 남아있는 작업량(점수)을 기록하고, 이를 이어서 그래프를 만들면 된다. 이때 그려지는 선의 기울기가 바로 팀의 업무속도다. 이것은 여러분의 팀이 각 이터레이션마다 얼마나 많은 양의 작업을 완성했는지를 보여준다.

번다운 차트는 프로젝트의 상태를 보여주는 훌륭한 도구다. 이 그래프는 잠깐 보더라도 금세 다음과 같은 사실을 알려준다.

- 작업이 얼마나 완성되었나
- 얼마나 많은 작업이 남아있나
- 우리 팀의 업무속도는 어느 정도인가
- 예상되는 출시 날짜는 언제인가

각 이터레이션은 프로젝트에 남아있는 일의 양을 보여준다. 이터레이션에 더이상 남아있는 일이 없을 때가 바로 프로젝트가 완성되는 날이다.

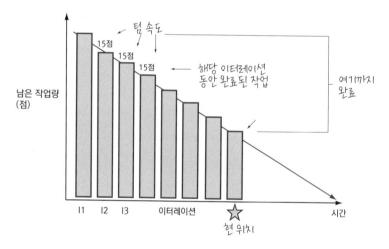

모든 것이 생각하는 대로 이루어지는 완벽한 세상이라면, 팀의 업무속도는 일정할 것이다. 그런 세상에선, 프로젝트 기간 동안 작업량이 15포인트씩 일정하게 줄어들면서 이런 패턴을 유지할 수 있을지 모른다.

하지만 현실에서 번다운 차트는 보통 다음과 같다.

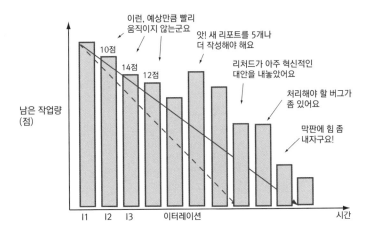

이런, 예상만큼 빨리
움직이지 않는군요

앗! 새 리포트를 5개나
더 작성해야 해요

리처드가 아주 혁신적인
대안을 내놓았어요

처리해야 할 버그가
좀 있어요

막판에 힘 좀
내자구요!

남은 작업량
(점)

10점

14점

12점

I1   I2   I3   이터레이션   시간

대부분의 일은 보통 계획대로 흘러가지 않는다. 팀의 업무속도는 변하고, 새로운 스토리도 계속 발견되며 오래된 스토리는 제외될 테니 말이다.

번다운 차트는 이렇게 프로젝트에서 일어나는 크고 작은 이벤트들을 시각적으로 표현해 놓은 곳이다. 만약 고객이 스토리를 추가해서 범위가 늘어났다면, 이게 출시 날짜에 어떤 영향을 끼치는지 한눈에 알아볼 수 있다.

만약 중요한 팀원을 잃어 일처리가 늦어진다면, 이 또한 팀의 업무속도가 줄어드는 것으로 금세 표가 난다.

'번다운 차트'는 숫자 뒤에 숨겨진 이야기도 말해 준다. 차트에 변화가 일어난 것이 보이면, 이해관계자들에게 그때쯤 프로젝트에 어떤 일이 생겼는지 설명하는 자리를 갖도록 해주기도 하고, 그런 이야기들이 이해관계자들의 의사결정에 영향을 미치기도 한다.

'번다운 차트'는 모든 일을 있는 그대로 표현한다. 이 차트는 애자일 계획 세우기의 한 부분으로 매우 시각적인 부분이라 할 수 있다. 애자일 계획을 세울 때 우리는 무엇을 숨기지도 사실이 아닌 것을 사실인 것처럼 포장하지도 않는다. 고객에게 정기적으로 '번다운 차트'를 보여주면서 우리는 투명하고 정직하게 모두가 동의할 만한 기대치를 세우고, 누구나 언제쯤 이 프로젝트가 완성될지 이해하도록 도와준다.

번업 차트

'번다운 차트'의 또 다른 형태가 '번업 차트'다. 앞뒤를 바꿔 놓았을 뿐, 결국 같은
차트라 할 수 있다.

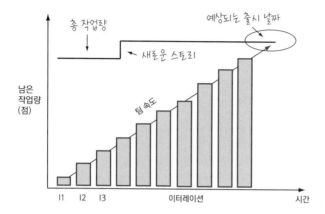

　'번업 차트'는 새로 추가되는 스토리를 표현하기 때문에 '번다운 차트'보다 이
를 더 선호하는 사람들도 있다. 맨 위의 총 작업량을 연결하는 선을 그리다가 갑
자기 솟구치는 부분이 보인다면, 언제 일이 더 추가되었다는 것을 금세 알아 볼
수 있기 때문이다. 또한 '번업 차트'를 이용하면 초과되는 시간을 추적하기가 더
쉽다.

　이처럼 총 범위(작업량)를 시각화 한 '번업 차트'가 마음에 들지만, 좀 더 단순하
고 작업량이 줄어드는 시각효과를 보여주는 '번다운 차트'를 갖고 싶다면, 이 두
차트를 합쳐도 된다. '번다운 차트'의 각 이터레이션에 '남은 작업량'과 '총 작업
량'을 같이 기록하면 된다.

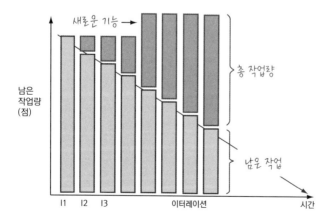

'번업'을 사용하든 '번다운'을 사용하든, 선택은 전적으로 여러분에게 달렸다. 어떤 차트를 사용하든 그저 일이 얼마나 남았는지, 이 프로젝트는 언제쯤 끝날 예정인지 누구나 쉽게 보고 이해할 수 있는 수단만 있으면 된다.

8.6 프로젝트를 애자일로 변화시키기

완전 골치 아픈 프로젝트를 맡게 되었다면 어떻게 하죠? 이미 진행된 프로젝트를 중간에 맡아 애자일을 적용하려면?

이미 시작된 프로젝트를 애자일로 변화시키는 방법에는 여러 가지가 있다. 아마도 여러분은 다음과 같은 이유 때문에 그 프로젝트를 애자일로 바꾸고 싶을 것이다.

a) 지금 하고 있는 일이 잘 되지 않는다거나

b) 무엇이든 빨리 출시해야 하거나

만약 문제가 이 가운데 하나라면, 인셉션 덱을 작성하라(3장 「모두 한 버스에 타는 법」 34쪽). 인셉션 덱이 전부 필요하지 않을 수도 있지만, 최소한 다음과 같은 사실은 모두가 이해하도록 해야 한다.

• 여러분이 모인 이유가 무엇인가

• 성취하고자 하는 목표가 무엇인가

• 고객이 누구인가

• 해결해야 할 문제점은 무엇인가

• 최종 결정권은 누구에게 있는가

만약 위와 같은 질문에 의문이 들거나, 이 밖에 인셉션 덱에 있는 질문 중 모르는 것이 있다면, 지금 질문하고 답을 찾도록 하라.

뭔가 빨리 출시해야 한다면, 지금 가지고 있는 계획은 버리고 믿을 수 있는 계획을 새로 세우도록 하자. 애자일 계획을 새로 세울 때처럼 해야 할 일의 목록을 만들고 스토리의 크기와 우선순위를 정한다면, 최소한의 기능을 빠른 시일 내에 출시할 수 있을 것이다.

프로젝트의 진척을 보여주어야 할 뿐 아니라, 예정된 계획 일정 내에 작업을 마쳐야 한다면, 매주 가치 있는 기능을 조금씩 전달하는 것부터 시작하자. 매주 가치 있는 기능 한두 개를 선택해서 개발해 보도록 하자. 완벽하게 말이다. 여러분이 자신들에게 가치를 전달해 줄 수 있다는 것을 고객에게 보여주면, 그들의 신용을 얻을 수 있을 것이다. 그렇게 되면 조금씩 계획을 조정할 수 있고, 이제 파악한 팀의 업무속도나 남아있는 작업량에 기반해 새로운 릴리스를 계획할 수 있을 것이다.

그리고는 뭔가를 출시할 수 있을 때까지, 계속 이렇게 가치를 전달하는 과정을 지속하면 된다. 이런 과정을 해 나가다가 필요하다면 계획을 수정도 하고, 이를 최선을 다해 실행하며 걸림돌이 될 만한 것들은 제거해가면서 말이다.

자 그럼 실제로는 어떻게 이런 사항들을 실천에 옮기는지 알아보자.

8.7 실행에 옮기기

자, 이제 어려운 부분은 다 끝났다. 이제 여러분은 이론적으로 모든 것을 다 알고 있다. 그럼 이제 이론을 실천해보고 이번 장을 시작할 때 언급했던 네 가지 어려움 점에 대해 알아보면서 새로이 새운 계획으로 어떻게 이런 어려움들을 극복할 것인지 알아보자.

시나리오 1: 고객이 새로운 요구사항을 찾아낼 때.

여러분의 고객이 소프트웨어에서 자신들이 정말로 원하는 기능이 무엇인지 발견했다면, 이를 어떻게 다룰 것인지 상의해야 한다. 릴리스 날짜를 미루든(대부분의 경우, 이 말은 비용이 더 든다는 뜻이다), 조금 덜 중요하다고 생각하는 스토리들을 범위에서 빼버리든 말이다. (나는 후자를 추천한다.)

이런 대화를 나눌 때 감정적이 되지 않도록 조심해야 한다. 이 선택은 여러분이

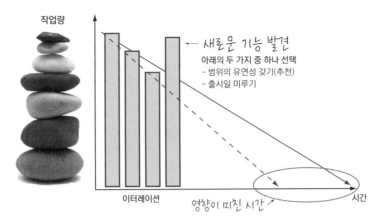

작업량

새로운 기능 발견
아래의 두 가지 중 하나 선택
- 범위의 유연성 갖기(추천)
- 출시일 미루기

이터레이션

영향이 미친 시간

시간

아니라 고객이 해야 한다. 여러분은 그저 이런 대화가 순조롭게 이루어지도록 하면서, 고객의 선택이 공정하게 이루어지도록 도와주는 역할을 해야 한다. 이때 여러분은 이 선택이 프로젝트에 어떤 영향을 미칠지에 대해 고객이 충분히 이해하도록 도와주고, 선택을 내릴 때 필요한 정보를 제공해야 할 책임이 있다.

만약 고객이 모든 기능을 다 원한다면, '있으면 좋은 기능nice to have' 리스트를 작성하라. 만약 프로젝트 후반에 시간이 남는다면, 이 리스트에 있는 스토리들을 제일 먼저 개발하겠다고 하자. 하지만 이 스토리들을 '있으면 좋은 기능'이기 때문에 현재 우리가 중점을 두는 핵심기능에 포함되는 않는다는 것을 반드시 고객에게 인지시켜 주어야 한다.

WAR STORY 모르는 게 약이다

언젠가 부사장에게 애자일을 어떻게 생각하는지 물어본 적이 있다. 이에 그는 '사랑과 혐오의 관계죠'라고 했다. 애자일이 가져다 준 가시성이 좋은 반면, 그 가시성이 싫기도 했던 것이다. 예전 같으면 문제가 있어도 괜찮은 척 할 수 있었지만, 지금은 매일 모든 정보가 누구에게나 열려있어 누구든지 프로젝트의 정확한 사항을 파악할 수 있기 때문이다. 이것은 그들이 무엇을 얼마나 더 향상시켜야 할지 항상 상기시켜 주기 때문에, 결국은 좋은 것이라고 인정했지만 말이다.

시나리오 2: 프로젝트가 예상보다 빠르게 진행되지 않을 때

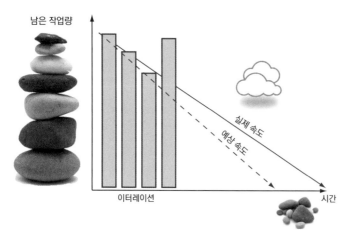

서너 번의 이터레이션이 지난 후, 팀의 업무속도가 처음 예상한 것과 다른 걸 알게 되더라도 너무 당황해 하진 말아라. 이런 경우가 생길 수도 있었기에, 이미 고객에게 처음에 세운 계획을 맹신하지 말라고 당부해 두었으니 말이다. 그러니 지금이라도 알게 된 것이 다행이라 생각하고 필요한 부분을 수정하도록 하자.

프로젝트의 균형을 맞추려 할 때는 보통 범위에 유연성을 갖는 방식을 더 선호한다. 이밖에도 추가 인력을 물색하거나(초기에는 팀의 업무속도를 더 떨어트릴 것이다), 날짜를 미루는 방법도 있긴 하다(두 가지 다 추천하고 싶지 않은 선택이다).

여기서 중요한 것은 여러분이 고객과 대화를 하고, 그들에게 선택권을 제공한다는 점이다. 물론, 여러분이 불편할 수도 있지만, 고객에게 선택권이 있다는 사실을 숨겨서는 안 된다. 좋지 않은 소식일수록 되도록 빨리 알도록 하자는 게 바로 애자일 방식이니까.

과연 우리에게 충분한 시간이 있는지 확인할 방법이 전혀 없는 건 아니다. "할 건 많은데 시간은 부족해요"와 같은 대화가 오갈 때 알아두면 좋은 전략이 하나가 있는데, 그건 바로 최대한 정직하고, 투명하고 진실하게 사실을 있는 그대로 이야기하는 것이다.

스파르타 전사처럼 계획 세우는 방법

스파르타 전사처럼 계획을 세우기 위해서는 간단한 전제가 하나 깔린다. 만약 주어진 시간과 재원으로 불필요한 기능을 제외한, 최소한의 애플리케이션을 만들어 출시하지 못한다면, 이는 잘못된 계획이 분명하니 수정해야 한다는 것이다.

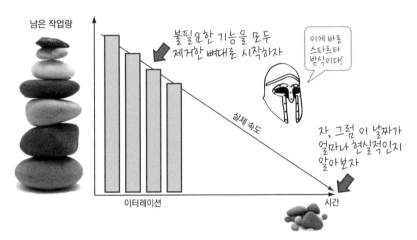

원리는 바로 이렇다. 프로젝트에 정말 중요한 기능을 한두 개만 선택하자. 프로젝트 시작부터 끝까지 아키텍처 전반에 영향을 미칠만한 핵심적인 기능 중에서 말이다. 그런 다음, 불필요한 사항을 다 제외하고 오직 뼈대가 되는 최소한의 버전으로 그 기능을 개발하는 데 얼마나 걸릴지 측정해보자.

이젠 이렇게 측정된 기능을 상대적인 크기로 측정된 나머지 스토리들과 비교해, 과연 주어진 시간과 자원을 이용해 최소 버전의 애플리케이션을 완성할 수 있는지 예측해보는 것이다.

만약 예측되는 출시날짜가 가능해 보인다면, 좋다! 앞으로도 이렇게만 해나가면 된다!

만약 예측되는 출시날짜가 영 마음에 들지 않는다 할지라도, 여전히 좋은 소식이다! 최소한 여러분이 그 사실을 알고 있으니 말이다.

스파르타 방식으로 세우는 계획은 "아무래도 계획을 바꿔야 할 것 같아요"와 같은 대화가 진정 필요한 때에 일어나도록 해준다. 이런 계획은 불가능한 일이 기적처럼 일어나길 바라는 생각으로 세워진 게 아니다. 쓸데없이 감정적이 될 필요도 없다. 모두 사실에 근거한 계획이기 때문에 차라리 지금 알게 된 것이 나중에 알게 되는 것보다 훨씬 낫다.

오히려 이런 정보를 통해 고객과 함께 어떤 핵심 기능을 계획에 포함할지, 어떤 기능들을 더 쪼개고 다듬어야 할지에 관해 조금 더 건설적인 대화를 나누게 될 것이다. 그리고 이런 과정은 통해 주어진 자원을 최대한 활용하면서 비용 대비 최대 가치를 지닌 소프트웨어를 전달할 수 있을 것이다.

시나리오 3: 중요한 팀원을 잃게 되었을 때

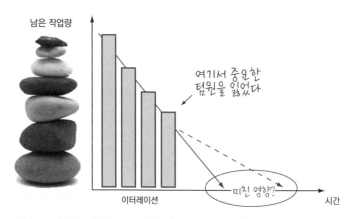

중요한 팀원을 잃게 되는 상황이 프로젝트에 미치는 영향을 객관적으로 측정하기란 결코 쉽지 않다. 분명히 큰 영향을 미칠 것이라는 것을 알지만, 과연 그 영향이 얼마만한지 꼬집어 말하기가 어렵기 때문이다.

팀원이 바뀔 때 예상되는 바가 무엇인지 너무 과학적으로 설명하려 할 필요는 없다. 고객에게는 분명 프로젝트에 영향이 미칠 거라고 말해두고, 팀의 업무속도에 어떤 영향을 끼쳤는지 측정한 후(2~3개의 이터레이션 후)에 그 영향이 정확히 어느 정도였는지 말해 주면 될 것이다.

어쩌면 관리자는 새로 영입된 팀원이 예전 팀원만큼 잘하니(혹은 더 나으니), 팀의 업무속도가 내려갈 걱정은 하지 말라고 할지도 모른다.

어쩌면 그의 말이 옳을 수도 있다. 하지만 아직 너무 신용하지는 않은 편이 더 나을 것이다. 새 팀원이 잘 맞지 않을 수도 있고, 훌륭한 이력서와 힘찬 악수로 인터뷰를 통과했을지 모르지만, 과대 포장됐을지도 모르는 일이다. 그의 능력을 본 후에 믿어야 한다. 그때까지는 회의적으로 기대치를 세워야 한다.

시나리오 4: 시간이 다 되었을 때

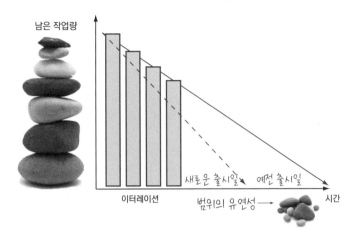

남은 작업량

이터레이션

새로운 출시일 예전 출시일

범위의 유연성 →

시간

매우 교과서적인 답이지만 이런 경우에는 범위를 조정해야 한다. 일정이 반으로 줄었다면, 출시하려는 기능의 수도 반으로 줄여야 한다. 어찌 보면 너무나 간단하고 이치에 맞는 논리이다.

하지만 교과서적이지 않은 답을 하자면, 고객과 마주앉아 더 혁신적인 방법으로 고객을 도울 방법을 모색해보라는 거다.

어떤 스토리들은 뼈대만 개발해 출시해도 될지 모르는 일이다. 정적인 리포트 스무 개가 다이내믹한 리포트 하나로 대체될 수 있을지 아무도 모르는 일이라는 말이다.

이렇게 고객이 필요로 할 때 도움을 주는 것은 여러분이 고객과 오래도록 지속되는 관계를 형성하도록 해줄 것이다. 고객에게 믿을 수 있는 조언자로 보이길 원한다면, 고객에게 몇 가지 선택지를 주도록 하자.

무작정 여러분의 팀이 할 수 없는 것을 하겠다는 헛된 약속을 제발 하지 말도록 하자. 이런 약속은 아무에게도 득이 되지 않는다. 협력은 쌍방 간에 이루어진다. 그러니 정직하라, 그리고 고객에게 기회비용이 무엇인지 정확히 알려주도록 하라.

그럼 이제부터 스승님과 함께 여태껏 여러분이 무엇을 배웠는지 되짚어 보도록 하자.

제군들, 환영한다. 여러분이 아직까지 살아있는 걸 보니 정말 기쁘다. 그럼 여기서 내 제자 하나가 얼마 전 전쟁터에서 겪었던 이야기를 들려주겠다.

시나리오: 모든 것이 미리 결정된fixed된 프로젝트이며, 계획을 수정할 수 없다.

스승: 이 프로젝트는 규모가 큰 정부 기관에서 발주한 것이었다. 납세자의 돈을 사용하기 때문에 모든 과정이 세세히 감시되고 있었고, 범위, 비용, 출시 날짜, 어느 것도 변경할 수 없었지. 모든 것이 이미 결정이 난 상태였으니까. 이런 프로젝트에도 애자일을 적용할 수 있을까?

제자: 범위, 출시 날짜, 비용 중 정말 아무것도 업데이트하거나 변경할 수 없다면, 어떻게 애자일을 적용할 수 있을지 전 잘 모르겠습니다. 스승님.

스승: 그렇게 생각하느냐? 그들이 아무리 시간, 비용, 범위, 품질의 기대치를 미리 정해 놓았다고 해도, 이 네 가지 모두 만족될 수는 없다는 걸 결국 깨닫게 될 것이다. 변화란 언제나 생길 수 있는 것이기 때문에 뭔가는 반드시 양보해야 한다. 지금 이들이 할 수 있는 유일한 선택은 이런 변화를 모두에게 드러낼 것이냐 숨길 것이냐 하는 것뿐이다.

제자: 하지만 설사 이렇게 변화가 필요하다는 게 뚜렷하다 해도, 고객이 그런 사실을 받아들일 수 없다고 한다면 어떻게 하죠?

스승: 바로 이때가 네가 가진 모든 경험과 기술을 동원해야 할 때란다. 만약 더 이상 범위에 포

함되지 않는 오래된 스토리를 모아 리스트를 만들어 보여준다면 어떻겠느냐? 그러면 프로젝트에 어떤 변화가 있었는지 추적해 볼 수 있을 테니 말이다. 그렇게 되면, 애초에 계획을 세웠던 본래의 취지를 잃지는 않으면서도 예전 계획과 새로 세운 계획에 어떤 차이가 있는지 확인할 수도 있고 말이다.

제자: 그들이 원하든 원하지 않든, 계획은 바뀔 수밖에 없다고 말씀하시는 건가요?

스승: 그렇단다.

제자: 변화가 생긴 과정을 기록하는 단순한 작업만으로도, 감사원의 요구사항을 만족시키면서 고객이 필요로 하는 시스템을 개발하고 말이죠?

스승: 그래, 그렇단다.

제자: 감사합니다. 이 부분에 대해서 더 깊이 생각해 보겠습니다.

교훈: 변화란 항상 존재하는 것이다. 우리는 그저 이를 얼마나 창의적으로 드러내고, 다루어야 할지를 고민해야 할 뿐이다.

다음 단계는?

친구여! 정말 장하다. 이제 여러분은 인셉션 덱에 대해 다 배웠다. 이제 여러분은 사용자 스토리와 추정estimation에 담긴 기술art과 과학을 모두 통달했다. 게다가 이런 정보를 애자일 계획에서 어떻게 활용할지에 대해서도 배웠다.

　이제 여러분은 '애자일 프로젝트 실행하기'라는 다음 여행을 떠날 준비가 되었다. 이 여행에서는 여태껏 알아낸 좋은 의도와 계획을 어떻게 현실로 구현해 낼 것인지 알아볼 것이다. 모두가 의도한 대로 작동하고, 테스트를 마친, 출시 준비가 된 소프트웨어로 말이다.

　자, 그럼 떠나볼까? 이 모든 것의 시작은 '이터레이션'이다.

애자일
프로젝트
실행하기

9장

이터레이션 관리:
구현하기

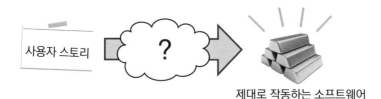

사용자 스토리   **?**

제대로 작동하는 소프트웨어

환영한다. 4부 '애자일 프로젝트 실행하기'에 도착했다. 4부에서는 2부, 3부에서 세웠던 좋은 계획들을 어떻게 실제로 고객이 사용할 수 있는 소프트웨어로 구현할 것인지 알아보겠다.

'이터레이션 관리'에 대해 다루는 이번 장에서는 애자일 프로젝트가 이터레이션의 힘을 사용해서 어떻게 일을 처리하는지 자세히 보여 줄 것이다.

10장 「애자일 커뮤니케이션 계획」 164쪽에서는 전형적인 애자일 이터레이션이 어떻게 작용하는지, 그리고 이 모든 걸 움직이기 위해 어떤 종류의 회의와 소통방법을 사용하는지 알아볼 것이다. 11장 「시각적인 작업환경 조성하기」 177쪽에서는 작업공간에 주는 단 몇 가지의 변화만으로 어떻게 더욱 명쾌하고 집중력 있게 일할 수 있는 작업환경을 갖출 수 있는지 알아보겠다.

9.1 매주 가치를 전달하는 방법

이미 여러분은 잘 짜놓은 계획을 손에 쥐고 있다. 여러분들이 왜 이곳에 모였는지도 알고, 실행으로 옮길 준비도 되어있다. 그럼 이제 무엇을 해야 할까? 간단하게 서술된 인덱스카드를 제대로 작동할 뿐 아니라 출시할 만한 소프트웨어로 구현하려면 어떻게 해야 할까?

첫째, 우선 모든 내용을 다 적어 놓을 만한 시간이 여러분에게는 없다. 그러니 가볍지만 정확하고, 필요한 정보를 제때에 제공할 수 있는 그런 분석을 해야 한다.

둘째, 개발에 관련된 실천법은 반드시 실행되어야 한다. 버그가 많은 코드를 다시 고치는 과정을 계속 반복할 시간이 없다. 완료된 기능은 완벽히 작동되어야 한다. 이 말은 개발을 하는 과정 중에 잘 설계하고, 꼼꼼히 테스트해서, 완전히 통합할 수 있는 코드를 갖도록 해야 한다는 뜻이다.

셋째, 테스트는 개발 과정 중에 빈틈없이 이루어져야 한다. 모든 기능이 다 잘 작동하는지 보기 위해서 프로젝트 막판까지 기다릴 수는 없다. 프로젝트의 첫날부터 시스템이 건강하고 문제가 없는지 항상 살펴야 한다.

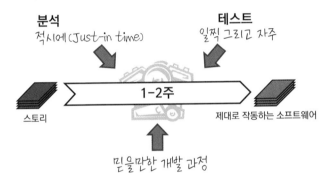

만약 이 세 가지를 병행할 수 있다면, 고객에게 매주 가치를 전달할 수 있을 것이다. 이를 실행으로 옮기기에 매우 효과적인 방법이 바로 '애자일 이터레이션'을 이용하는 것이다.

9.2 애자일 이터레이션

지금쯤이면 여러분들은 이미 애자일 이터레이션이 무엇인지 대략 짐작할 수 있을 것이다. 이터레이션이란 고객에게 가장 가치 있는 스토리를 작동하는 소프트웨어로 개발하는 1~2주간의 기간을 말한다.

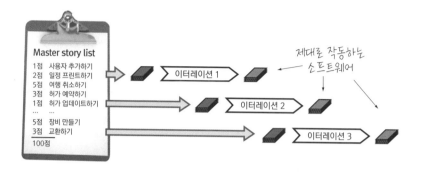

이터레이션은 애자일 프로젝트에서 개발을 완성하기 위해 필요한 엔진 역할을
한다. 매 이터레이션마다 고객에게 가치 있는 무언가를 생산하는 것이 이터레이션
의 목적이다. 이 말은 결국 이터레이션 동안 잘 작동하고 테스트된 소프트웨어를
생산해야 한다는 뜻이다.

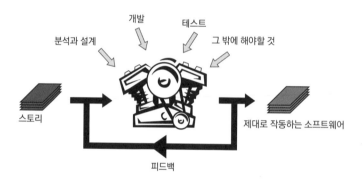

이터레이션을 사용하면 필요할 때 코스를 조정할 수도 있다. 만약 우선순위가 변
하거나, 생각하지 못했던 일이 발생한다면, 이터레이션이 끝날 때마다 계획을 변
경할 수 있다. 보통은 이터레이션 중간에 스토리를 바꾸지 않는다(작업에 너무 많은
지장을 주기 때문이다). 하지만 10장 「애자일 커뮤니케이션 계획」(164쪽)에서 살펴보
겠지만, 필요하다면 팀원들이 다시 집중할 수 있도록 하는 방법이 있기는 하다.

자, 서론은 이 정도면 충분하다. 이터레이션이 뭔지 알아보는 가장 좋은 방법은
직접 해보는 것이다. 그럼 사용자 스토리가 어떤 과정을 거쳐 제대로 작동하면서
도 출시 준비가 된 소프트웨어로 변하는지 살펴보자.

9.3 도와주세요

이를 어쩐다! BigCo의 건설 프로젝트 시작 날짜가 한 달이나 앞당겨졌다. 우리의 친구, 켈리 씨는 건설업자들이 직접 접속해서 건설 안전 작업 허가증을 받을 수 있는 웹사이트가 필요하다.

당연히 한 번의 이터레이션으로 전체 웹사이트를 개발할 수는 없겠지만, 2주 안에 다음과 같은 두 가지 스토리를 완성해준다면 켈리 씨는 무척 고마워 할 것이다.

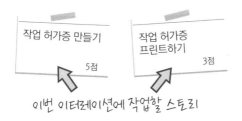

어떤 사용자 스토리든 제대로 작동하는 소프트웨어로 바꾸기 위해 거쳐야 할 세 가지 단계가 있다.

1. 분석과 설계 (작업 준비하기)
2. 개발 (작업 실행하기)
3. 테스트 (작업 확인하기)

자 그럼, 더 자세히 들여다보면서 각 단계마다 어떤 과정이 포함되는지 알아보자.

9.4 1단계: 분석과 설계: 작업 준비하기

애자일 분석에는 적당한^{Just Enough}과 적시^{Just in Time}라는 두 가지의 주요 개념이
있다. 적당한^{Just Enough} 분석이란 작업하기 위해 필요한 정보를 불필요하게 너무
많지도, 부족하지도 않게 준비하는 것이다.

같은 공간에서 고객과 함께 일하는 작은 팀이라면 형식적인 문서를 작성할 필요
가 많지 않다. 카드 한 장과 팀원들과의 대화만 있다면 아마 충분할 것이다(잘 선별
된 다이어그램과 그림 몇 장이 있다면 금상첨화겠지).

팀원들이 조금 떨어져 있지만 서로에게 걸어서 다가갈 만한 중간 규모의 팀이라
면 이보다는 필요한 게 조금 더 있다. 종이 한 장에 짧은 설명과 달성해야 할 과제
^{task}, 테스트 기준 목록을 적은 정도가 이 팀에 더 적합할 것이다.

스토리 이름: 작업 허가증 만들기

설명(Description)
건설업자들이 현장에서 합법적으로 일하기
위해서는 작업 허가를 받아야 한다. 이 허가증은
건설업자들이 공사를 하기 위해 현장에 나갈 때
가져가야 한다.

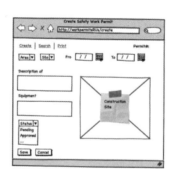

과제(Task)
1. 허가증 만드는 페이지 만들기
2. 허가번호를 데이터베이스에 저장하기
3. 기초적인 허가증 확인 작업 추가하기
4. (현재로써는) 보안에 신경 쓰지 않기

테스트 기준
1. 허가증을 만들려는 사용자가 기본 허가증을 저장할 수 있다.
2. 허가번호가 데이터베이스에 저장된다.
3. 적합하지 않은 허가증은 생성되지도 데이터베이스에 저장되지도 않는다.
4. 허가 날짜는 다음 주 작업 시작일이 기본으로 설정되었다.

시카고, 런던, 싱가포르와 같이 각지에 팀원들이 떨어져 있는 큰 프로젝트에서는 모두가 같은 방향으로 나아가기 위해 이보다 더 많은 것이 필요하다.

여기서 요지는 애자일 분석이 얼마나 상세해야 할 것이냐에 대한 답이 하나만 있는 게 아니라는 것이다. 그저 여러분의 팀과 그 프로젝트에 적합한 종류의 분석이 있을 뿐이다.

언제고 필요하다면 그때마다 살을 붙이면 된다. 불필요한 짐을 많이 갖고 여행하면 발걸음만 늦어진다. 그러니 시작은 가볍게 하고, 필요한 부분은 그때그때 충족해 나가도록 하라.

애자일 분석의 또 다른 특징은 적시Just in Time, JIT 분석이라는 개념이다.

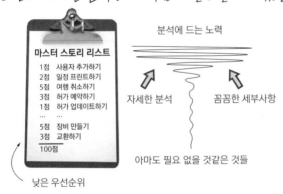

적시Just in Time 분석이란 사용자 스토리에 대한 깊이 있는 분석을 스토리가 필요하기 직전(보통 이터레이션 전)에 하라는 것이다.

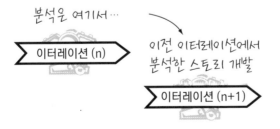

한 달 뒤에 세상이 어떻게 변할지는 아무도 모른다. 모든 것은 변하기 마련이다. 그래서 너무 앞서나가 모든 것을 준비하려고 해봐야 보통 심각한 낭비로 끝나버린

다. 그러니 그렇게 하는 대신 스토리를 자세히 분석하는 일을 스토리가 정말 필요할 때까지 가능한 한 최대한 미뤄두라.

이는 다음과 같은 장점이 있다.

• 가장 최신의, 가장 좋은 정보로 분석할 수 있다.
• 여러분과 고객 모두 개발하면서 배우고 혁신할 기회를 갖게 된다.
• 재작업을 많이 할 필요가 없다.

하는 일이 매우 복잡하고, 더 많은 시간을 필요로 한다면, 지금 시작하라. 작업을 준비해 놓기 위해 필요한 것은 다 하도록 하자. 그저 너무 앞서가지는 말아라. 그럼 결국 그때 가서 모든 게 너무나 많이 바뀌기 때문에, 열심히 해놓은 작업이 쓸모없어질지도 모르니 말이다.

그럼 '작업 허가증 만들기'와 같은 스토리의 분석 기준은 무엇일까?

아마도 훌륭한 순서도보다 좋은 게 없을 것이다.

좋은 순서도로 시작하라

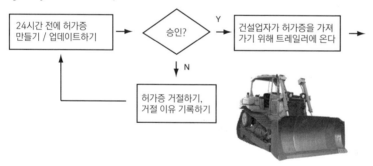

순서도는 여러모로 훌륭한 도구다. 단순하고, 시각적이며 시스템이 어떻게 작동하는지, 사람들이 거쳐야 하는 단계를 한눈에 보여준다. 게다가 프로세스의 관점에서 볼 때 필요한 것은 무엇이든지 주석을 달 수도 있다.

이렇게 프로세스를 이해한다면 통찰력을 갖게 될 것이고, 페르소나persona를 이용해 과연 이 시스템의 사용자가 누구인지, 무엇을 하려고 하는지 더 잘 이해할 수 있을 것이다.

페르소나 만들기

관리자

"아만다"

시스템에 사용자를 추가/제거 할 수 있어야 한다

컴퓨터에 익숙하다

사무실을 운영한다 (새로 온 건설업자는
아만다를 통해 모든 허가증을 발부 받는다)

담당자

"로버트"

일할 사람들을 대신하여 허가증을 요청할
건설관리자 겸 엔지니어

작업에 대한 자세한 사항을 알고 있다.

허가증을 제때에 요청할 책임을 맡고 있다.

책임자

"켈리"

건설 현장 전체의 안전을 책임지는
안전관리자

허가증이 발부되기 전에 반드시 승인을
해야만 한다.

허가증의 유효성 여부에 대한 최종 승인을 한다.

페르소나는 여러분이 개발할 시스템을 사용할 다양한 사용자의 역할을 간략하게 설명해 놓은 것이다. 페르소나는 시스템에 개성을 불어넣어 준다. 이들은 실제로 해결하고자 하는 문제를 가진 사람들이기 때문에, 그들의 불편함이 어디에서 오는지 이해한다면 욕구를 충족시킬 수 있을 것이다.

자, 이제 실제로 디자인을 할 때가 왔다! 여러분 주위에 사소해 보일지도 모르는 모든 것이 무한한 가능성을 가진 보물섬으로 변할 수가 있다! 그러니 처음 생각난 디자인만 고집하지 말고, 저렴한 종이 프로토타입으로 신속히 여러 가지 디자인과 옵션을 프로토타입 해보자.

종이 프로토타입을 이용해서 재빠르게 다양한 디자인을 만들어 보자

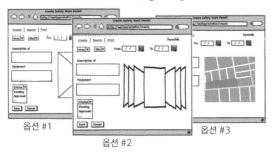

옵션 #1

옵션 #2

옵션 #3

여러 명의 팀원이 함께 협력해 만든 종이 프로토타입이 한 사람이 혼자서 만든 것보다 대부분 낫다.

디자인이 정해졌다면 이젠 고객과 마주 앉아 이야기하면서 테스트 기준이 무엇인지 몇 가지 적어보고, 스토리가 성공적으로 완성되려면 무엇을 만족해야 하는지 분명하게 이해해야 한다.

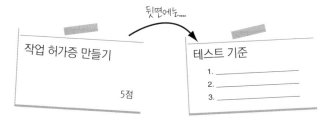

이제는 여러분이 고객에게 "이 스토리가 완성됐다는 걸 어떻게 알죠?"라는 질문을 할 단계다.

아주 자세한 대답을 원한다면 그런대로, 그저 대략적인 대답만을 원한다면 또 그런대로 대답을 얻어내면 된다. 대략적으로 정보를 수집하는 것에서 시작해, 그 스토리를 완성시키기 위해 팀원들이 꼭 개발해야 할 주요 기능에 대해 이해해 나가는 방식으로 할 수도 있다.

만약 스토리가 근본적으로 매우 기술적이거나 많은 비즈니스 제약과 세부 조건을 갖는다면, 시간을 조금 더 할애해서 이를 모두 적어 놓아도 좋다. (이런 사항들을 자동화된 테스트의 형태로 기록한다면 금상첨화일 테고.)

그럼 분석을 할 때 사용할 만한 도구나 기법이 있을까? 물론이다. 스토리 보드, 병행성 다이어그램concurrency diagram, 프로세스 지도, 와이어 프레임, 그 외 분석과 사용자 경험을 위해 알려진 도구나 기법이라면 모두 사용 가능하다(분석에 관한

짝 프로그래밍이란?

애자일이나 XP 실천방법 중에 짝 프로그래밍만큼 사람들의 관심을 끌고 찬반공론을 불러일으키는 게 있을까 싶다.

짝 프로그래밍은 두 명의 개발자가 한 컴퓨터 앞에 앉아 스토리를 함께 개발하는 것이다.

두 명의 소중한 재원이 한 대의 컴퓨터 앞에 앉아 일하는 것을 보는 관리자가 마음 편할 리 없을 거라는 게 이해는 간다. 팀의 생산성이 반으로 줄어든다고 생각할 것이다. 만약 프로그래밍이 그저 컴퓨터에서 타이핑만 하는 것이라면 이는 사실일지도 모른다.

하지만 프로그래밍은 단순히 타이핑하는 것과는 거리가 멀다. 좋은 아이디어나 혁신적인 생각 하나가 팀이 해야 할 일을 획기적으로 줄여 주거나, 재작업을 해야 하는 악몽에서 구해 주는 경우가 많다. 짝을 지어 개발을 하면 가치 있는 지식이나 활동을 여러 팀원에게 골고루 분산시킬 수 있고, 버그도 일찍 찾아낼 수 있다. 게다가 두 사람이 코드를 한 줄 한 줄 모두 검토하면서 코드의 품질도 향상시킨다.

모든 사람에게 짝 프로그래밍이 적합한 것은 아니다. 그러니 사람마다 일하는 방법을 존중해 주어야 한다. 하지만 만약 여러분의 팀이 짝 프로그래밍 방법을 시도해본다면(이 방법은 분석이나 테스트 분야에도 적용된다), 기대 이상의 결과를 가져다 줄 것이다.

더 자세한 사항은 6.4장 '스토리 수집 워크숍 진행 방법'(95쪽)를 참고하기 바란다).

분석을 어떻게 하는지 학교에서 배운 사람은 없다. 그러니 창의적이면 된다. 정답이 하나만 있는 것은 아니니까.

아, 그리고 보니 '허가증 프린트하기' 스토리는 어떻게 됐는지 궁금해 할지도 모르겠다. 알고 보니 그 스토리는 더 이상 필요하지 않다고 한다. 브라우저를 이용해서 허가증을 프린트 하는 정도면 첫 릴리스로는 충분하다고 말이지. 그래서 그 스토리는 이번 릴리스에 포함시키지 않았다. 괜히 분석하느라 시간 낭비하지 않았으니 얼마나 다행인가!?

자, 그럼 이제 분석이 완성되었으니 개발을 해 볼까.

9.5 2단계: 개발: 작업 실행하기

여기서부터는 지금 막 필요한 만큼 분석된just in time analysis 스토리를 '황금', 아니지 우리 경우에는 '출시할 준비가 된 소프트웨어'로 만들어 보자.

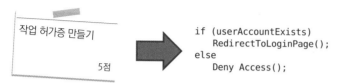

```
if (userAccountExists)
    RedirectToLoginPage();
else
    Deny Access();
```

Java, C#, Ruby, Python, HTML, CSS

우리가 배치할 수 있는 소프트웨어

금이 하늘에서 그냥 떨어지지 않듯, 언제든지 출시할 수 있는 소프트웨어도 공짜로 얻을 수 있는 것이 아니다. 많은 노력과 훈련, 그리고 훌륭한 기술력이 모두 필요하다.

예를 들어, 애자일 프로젝트에서는 다음과 같은 사항이 이루어져야 한다.

- 자동화 테스트를 써야 한다.
- 설계를 지속적으로 발전시키고 개선시켜야 한다.
- 제대로 작동하는 소프트웨어를 생산하기 위해서 코드를 지속적으로 통합시켜야 한다.
- 고객이 시스템에 관해 이야기할 때 사용하는 언어가 코드에서 사용되는 언어와 매치되어야 한다.

이 책에서 좋은 소프트웨어 엔지니어링 실천 방법을 모두 다룰 시간이나 공간은 없다. 하지만 내가 '절대 포기할 수 없는 것들'이라 부르는 실천법들(혹은 만약 여러분이 포기하면 큰일 나는 것들)에 대해 이야기해 보도록 하자.

앞으로 다룰 장에서는 12장 「단위 테스트: 제대로 작동하는지 확인하기」(188쪽), 13장 「리팩터링: 기술적 부채 갚기」(198쪽), 14장 「테스트 주도 개발」(210쪽), 15장 「지속적인 통합: 출시 준비」(220쪽)를 다룬다. 리팩터링, TDD, 지속적인 통합

continuous integration과 이런 실천법들이 어떻게 출시 가능한 코드를 생산하도록 하는지 보여주겠다.

그러니 지금은 그저 이렇게 핵심적인 소프트웨어 엔지니어링 작업이 뒷받침되지 않고는 애자일의 마술이 일어나지 않을 것이라는 점만 알면 충분하다.

자, 그럼 프로젝트에서 조금 특별한 '첫 번째'('이터레이션 0'이라고도 부르는) 이터레이션에 대해 살펴보자.

이터레이션 0, 작업환경 준비하기

어떻게 바라보느냐에 따라 '이터레이션 0'은 여러분의 첫 이터레이션이거나 개발을 시작하기 전의 이터레이션, 바로 작업환경을 세팅하는 기간이다.

만약 프로젝트가 중간 단계에 있다면, 보통 스토리를 분석한 후에 곧바로 개발을 시작할 수 있다. 하지만 새로운 프로젝트를 시작하면 작업에 들어가기 전에 준비해야 할 것들이 분명 있다. 바로 이런 준비를 하는 기간을 '이터레이션 0'이라고 부른다.

스토리 개발을 시작하기 전에 해야 할 것들

이터레이션 0은 집을 정리정돈 하는 것과 같다. 버전 관리 도구, 자동화된 빌드 도구 등 개발과 테스트 환경(가능하다면 제품 출시도 가능한production 환경)을 세팅해서 배치deploy할 수 있도록 말이다.

만약 정말 뭔가 보여주고 싶다면, 앞으로 작업할 스토리의 기본 버전을 개발해 놓고 맛만 보여주도록 하자(시스템 전체를 아우르고 아키텍처를 테스트할 수 있는 스토리를 말이다).

개발이 끝났다면, 이제 거의 다 됐다. 이제는 제대로 작동하는지 확인만 하면 된다.

9.6 3단계: 테스트: 완료된 작업 확인하기

여태껏 힘겹게 개발하고서, 막상 제대로 작동하는지 확인해보지 않는다면 그것처럼 당혹스러운 일도 없을 것이다.

작업을 확인하는 일은 우리가 그동안 한 일이 제대로 완성되었는지 고객에게 피드백을 얻는 과정이다.

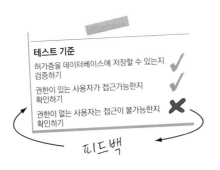

개괄적인 스모크 스크린 테스트
가능한 건 모두 자동화하기

고객에게 소프트웨어를 데모하면서 테스트 기준사항을 하나씩 보여주는 것도 좋은 방법 중 하나다. 하지만 고객이 직접 데모하도록 하면서 이들이 소프트웨어를 어떻게 사용하는지 여러분이 지켜볼 수 있다면, 이보다 더 나은 방법도 아마 없을 것이다.

여러분이 무슨 생각을 하는지 알겠다. 애자일 프로젝트에서 이렇게 테스트를 많이 하는데, 굳이 출시하기 전에 사용자 인수 테스트가 왜 필요한지 모르겠다고?

집단적 코드 소유

애자일 프로젝트에서는 누구도 자신만의 코드를 갖지 않는다. 코드는 팀 전체의 것이기 때문에, 자신들이 작업하고 있는 일을 완성하기 위해서라면 누구나 언제든지 코드를 바꿔도 된다는 뜻이다.

XP는 이를 집단적 코드 소유Collective Code Ownership라 일컫는다. 애자일 프로젝트에서는 이를 통해 팀원 간의 소통, 일관된 아키텍처, 코드 베이스 전반에 걸친 코딩의 기준을 모두가 지키도록 장려한다.

당연히 꼭 필요하다. 그럼, 도대체 '왜' 그럴까?

애자일 개발자(개발팀에 있는 사람은 누구나)의 목표는 사용자 인수 테스트에 문제가 일어나지 않게 하는 것이다. 즉, 개발을 하는 동안 테스트를 잘하고, 고객에게 피드백을 받아왔기 때문에 사용자 인수 테스트를 할 때쯤에는 시스템에 아무런 문제도 찾을 수 없어야 한다는 것이다.

한 번에 이 정도의 품질을 갖는 팀은 그리 많지 않다. 아니, 거의 없다. 그러니 여러분의 팀이 최고 품질의 코드를 완성했다는 것을 여러분 자신과 스폰서에게 증명해, 더 이상 사용자 인수 테스트가 필요 없다고 느껴질 때까지 이를 계속하라고 나는 조언하고 싶다.

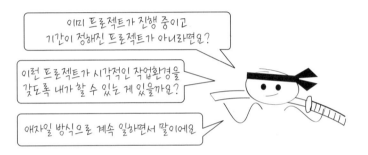

이미 프로젝트가 진행 중이고 기간이 정해진 프로젝트가 아니라면요?

이런 프로젝트가 시각적인 작업환경을 갖도록 내가 할 수 있는 게 있을까요?

애자일 방식으로 계속 일하면서 말이에요

물론이다. 이런 스타일로 운영하거나 지원하는 프로젝트에 잘 어울리는 애자일 방법이 있다. 바로 애자일의 또 다른 종류라 불리는 간반$^{Kanban, 看板}$이다.

9.7 간반

간반이란 도요타사가 개발한 카드 기반의 신호 시스템인데, 자동차를 조립할 때 필요한 부품을 제때 보충하는 역할을 한다. 이 시스템은 몇 가지를 제외하고는 애자일에서 사용하는 스토리보드와 매우 흡사하다.

간반의 다른 점은 작업이 WIP(작업 중)이라는 개념에 제약을 둔다는 것이다. 한 팀은 오직 정해진 수만큼의 작업만 동시에 수행할 수 있다.

예를 들어, 어느 팀이 한 번에 4가지 일까지만 다룰 수 있다면, 그 팀의 WIP는 4다. 그밖에 해야 할 일들은 제쳐두고 우선순위를 정해, 새로 일이 필요할 때마다 목록에 있는 작업 중에서 다음에 해야 할 일을 선택한다.

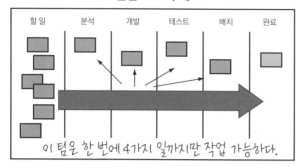

간반 보드의 예

| 할 일 | 분석 | 개발 | 테스트 | 배치 | 완료 |

이 팀은 한 번에 4가지 일까지만 작업 가능하다.

고정되지 않은 이터레이션 기간
크기에 제한이 없는 스토리/과제(task)

* WIP: 작업 중(Work in progress)

간반의 또 다른 점은 이터레이션이 필요하지 않다는 것이다. 그저 그 팀에 여력이 생길 때마다 리스트에서 다음으로 가장 중요한 것을 선택해서 작업하면 된다.

간반의 목적은 '흐름'이다. 한 번에 오직 정해진 만큼의 일만큼만 해나가면서 간반 보드에 오른 작업들이 끊임없이, 가능한 한 빠르게 흐르도록 하는 것이다. 이렇게 일하는 방법에는 다음과 같은 몇 가지 장점이 있다.

이터레이션 때문에 스트레스 받을 필요가 없다.

개발과 시스템 운영을 동시에 하는 프로젝트를 하게 되었다면, 더 이상 이터레이션 중에 방해 받는 일(예를 들면, 이미 생산된 제품을 지원하는 일)이 생긴다고 스트레스 받지 않아도 된다. 이터레이션이 없으니, 이제 여러분이 준비됐을 때 다음에 할 일을 선택해서 작업하면 될 뿐, 이터레이션마다 무엇을 할 것인지 기대치를 세우지 않아도 되니 말이다.

하나의 이터레이션 기간 동안 할 수 있는 과제만 선택하지 않아도 된다.

일반적으로는 큰 작업을 여러 개의 작은 과제로 나누어 해결해나가는 것이 좋긴 하지만, 종종 너무 큰 작업이라 해결하려면 몇 주가 걸리는 일이 생기게 마련이다. 하지만 이젠 고민하지 말고 이런 작업을 해도 좋다.

간반은 기대치를 관리하기에 좋은 방법이다.

간반에서도 대부분의 팀들이 여전히 추정치를 측정하거나, 최소한 간반 보드에 있는 과제들에 대해 대략적인 크기를 정한다(어떤 결과를 언제쯤 얻을 수 있을지 예상하고 싶다면 최소한 그렇게 하라고 권장한다).

하지만 그보다 간단한 방법도 있다. 간반은 우리에게 다음과 같은 식으로 이야기를 해 준다. '여어~ 친구. 우리 지금 열심히 일을 하는 중이라네. 곧 자네가 원하는 일도 할 수 있을 거야. 다만 우리는 한 번에 4가지만 할 수 있다네.' 포인트도 추정치도 필요 없다. 그저 이와 같은 단순한 규칙만이 있을 뿐이다. 우리가 동시에 할 수 있는 일에 한계가 있다는, 바로 삶의 진실 말이다.

여태껏 이터레이션이 얼마나 좋은지 이야기하더니, 갑자기 웬 뚱딴지같은 소리냐고? 자~ 자, 진정하시길.

애자일 이터레이션은 매우 강력한 힘을 가지고 있다. 오늘날과 같이 연간 예산이 미리 정해지는 산업 환경에서, 시간과 비용의 제약이 따르는 프로젝트를 하고 있다면, 이터레이션이 여전히 좋은 해결책이다.

하지만 애자일은 단순히 이터레이션의 집합만은 아니다. 애자일화 된다는 것은 내게 맞는 것을 찾아 한다는 뜻이다. 만약 이터레이션 없이 일하는 것이 더 낫다면, 굳이 고집할 필요가 없다. 간반은 무슨 일이 일어났을 때 빠르게 대처해야 하는 시스템 운영을 지원하는 팀에게 가장 적합하다. 이런 팀들은 일정한 기간 동안 정해진 작업만 할 수가 없으니 말이다.

나는 여러분에게 웬만하면 일정한 기간이 정해진 이터레이션을 가지라고 조언하고 싶다. 만약 여러분이 이제 막 프로젝트를 시작한다면, 매주 고객에게 가치가 있는 소프트웨어를 전달함으로써 갖는 이런 규칙과 엄격함에 아마 감사하게 될 것이다.

만약 여러분이 시스템 운영을 지원하는 유형의 작업을 한다면, 간반을 시도해 보라. 원리는 다 똑같다. 어떻게 실행하느냐가 조금 다를 뿐이다.

간반에 관해 최신 소식을 접하고 싶다면, 이 사이트를 확인해 보라.[1]

http://finance.groups.yahoo.com/group/kanbandev/messages

자, 이제 여러분의 스승님을 만나러 갈 시간이다.

마스터 선생과 열정적인 전사

제자: 스승님, 저는 데이터 웨어하우스^{data warehouse}[2] 프로젝트에서 일하고 있는데, 고위 경영진을 위한 재무보고서를 만들어야 합니다. 매주 가치 있는 무엇인가를 생산한다는 건 정말 불가능한 일이에요. 데이터 웨어하우스를 구축하는 데에만 한 달이 걸릴 거예요. 도대체 이터레이션을 어떻게 다루어야 하는 거죠?

스승: 가치를 전달하는 요령은 바로 애플리케이션 전반을 아우르는 기능을 작게 나누어 초점을 맞추는 데에 있단다. 데이터 웨어하우스 전체를 한 번에 구축하려고 하지 말고, 리포트 중에 한 부분을 선택해서 그 부분을 위한 인프라를 구축하는 방식으로 말이야.

제자: 하지만 그렇게 한다 해도, 도저히 이터레이션 안에 맞출 수 없는 일이 생긴다면 어떻게 해야 하나요?

스승: 그게 현실이라면 어찌하겠느냐, 그대로 받아들이는 수밖에. 인프라를 구축하기 위해 필

---

1 옮긴이 간반에 대해서는 헨릭 크니버그(Henrik Kniberg)가 쓴 『Kanban and Scrum』(2010)에도 잘 정리되어 있다.

2 옮긴이 데이터 웨어하우스란 사용자의 의사 결정에 도움을 주기 위하여, 다양한 운영 시스템에서 추출, 변환, 통합되고 요약된 데이터베이스를 말한다.

요한 만큼 이터레이션을 사용하면서 진행하도록 하거라. 다만, 반드시 고객을 참여하게 해야 한다는 사실을 기억하거라. 고객에게 앞으로 한 세 달 동안 인프라를 구축해야 하니, 그 동안은 잠잠할 거라고 말이다. 그런 후에 작지만 가치 있는 기능을 이터레이션마다 완성할 수만 있다면, 그게 너와 고객에게 훨씬 나은 일이니 말이다.

제자: 감사합니다, 스승님. 조금 더 생각해 보도록 하겠습니다.

다음 단계는?

이제 다 왔다. 분석, 개발 그리고 테스트, 이 세 가지를 합쳐 매주 가치 있는 것을 전달해보자. 다시 한번 말하지만 길이 하나만 있는 것이 아니다. 그러니 프로젝트마다 그에 적합한 작업 방법이 다를 수도 있다는 사실을 항상 염두에 두도록 하자. 실험해보는 것을 두려워하지 말고, 이 프로젝트에 맞는 게 무엇인지 찾을 수 있도록 이것저것 시도해 보라.

자, 그럼 애자일 팀이 어떻게 소통하고, 이터레이션 기간 동안 끊임없이 일어나는 활동들을 어떻게 조정하는지 알아보도록 하자. 그럼 어떻게 소통하는지부터 살펴볼까?

애자일 커뮤니케이션 계획

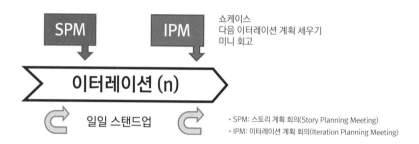

쇼케이스
다음 이터레이션 계획 세우기
미니 회고

이터레이션 (n)

일일 스탠드업

• SPM: 스토리 계획 회의(Story Planning Meeting)
• IPM: 이터레이션 계획 회의(Iteration Planning Meeting)

애자일 방식은 한 팀을 같은 공간에서 일하게 하고 정기적으로 고객에게 제대로 작동하는 소프트웨어를 전달하라는 것 이외에는 딱히 이터레이션을 어떻게 구성해야 하는지에 관한 지침이 없다. 작업을 어떻게 체계화할지, 팀원간에 커뮤니케이션은 어떻게 해야 하는지, 피드백은 어떻게 받아 목표를 성취할 것인지 등 전적으로 여러분과 팀원들에게 달려있다.

이번 장에서는 애자일에서 소통을 위한 계획을 짤 때 반드시 필요한 요소가 무엇인지 알아보고, 여러분의 팀에게 맞는 커뮤니케이션 방법을 만들어 보겠다.

이번 장을 마칠 때 쯤, 여러분은 프로젝트 기간 동안 어떻게 커뮤니케이션을 할지 계획을 갖게 될 뿐 아니라 지속적으로 프로젝트의 가치를 생산하기 위한 규칙적이고도 의도적인 활동을 하게 될 것이다.

10.1 이터레이션에서 해야 하는 네 가지

어떤 애자일 프로젝트에서든 반드시 해야 하는 할 것이 두 가지 있는데, 그건 바로 '기대치 세우기'와 '피드백 받기'이다.

기대치를 세우는 일을 지속적으로 하는 이유는 프로젝트를 진행하다 보면 반드시 변수가 생기기 때문이다. 그러니 정기적으로 고객과 만나서 프로젝트의 현재 상황을 논의하는 습관을 들여야 한다.

고객에게 제대로 작동하는 소프트웨어를 전달하는 간단한 활동이 요구사항을 바꾸게도 할 수 있기 때문에, 목표를 확실히 달성하기 위해서는 피드백을 받는 과정을 더욱 체계화해야 한다.

비슷한 맥락에서, 이렇게 각 이터레이션을 운영하기 위해 규칙적이고 의식적으로 해야 할 네 가지 활동이 있다.

- 다음 이터레이션에 할 작업 준비하기 (스토리 계획 회의SPM)
- 지난 이터레이션에서 작업했던 스토리에 대한 피드백 받기 (쇼케이스)
- 다음 이터레이션에서 스토리들을 어떻게 작업할지 계획 세우기 (이터레이션 계획 회의IPM)
- 향상될 부분이 있는지 지속적으로 찾아보기 (미니 회고mini retrospective)

그럼 다음 이터레이션에 할 작업은 어떻게 준비할지 살펴볼까?

10.2 스토리 계획 회의

우리가 해야 할 과제는 다 완성했는가?
다음 이터레이션에서 작업할 스토리를 개발할 준비가 되었나?

SPM은 저스트 인 타임Just in time 방식으로 다음 이터레이션을 위한 준비를 검토하는 회의이다. 고객과 다음 이터레이션에서 작업할 스토리들의 테스트 기준을 재확인하고, 개발자와는 추정치가 적당한지 검토하는 등 다음 이터레이션에서 개발할 스토리들이 개발 준비되었는지 확인해 보는 자리라고 할 수 있다.

언젠가 건축 프로젝트에서 '프린트하기'라는 스토리를 스파르타 전사Spartan warrior 방식(전체 기능 중 주요 기능만 개발해서 출시하는 방식)으로 개발한 적이 있다. 그때 내가 고객에게 데모를 했는데, 고객이 불만족스러워 한다는 것을 즉시 알 수 있었다.

고객은 예의를 갖추느라 그랬는지 아무 말도 하지 않았지만, 나는 느낄 수 있었다. 나 자신조차도 이게 최고는 아니라는 걸 알았으니 말이다.

이때 내가 용기를 내서 한 번 더 시도해 봐도 좋겠냐고 고객에게 물었더니, 고객은 흔쾌히 승낙했다.

만약 지난 7주 동안 고객에게 꾸준히 소프트웨어를 인도하지 않았더라면, 그 대답이 달랐을지도 모른다. 하지만 여러분이 매주 소프트웨어를 전달하기 위해 열심히 노력한다는 사실을 고객이 알고 있다면, 가끔씩은 이렇게 실수를 해도 관대하게 용서해 줄 것이다.

그러니 무엇인가를 시도하는 것을 두려워 말기 바란다. 무엇인가를 시도해보고, 실패하고, 또 다른 무엇인가에 도전하는 것, 이 모두가 다 게임의 한 부분이니 말이다.

가끔은 처음 생각했던 것보다 더 큰 크기의 스토리를 발견할 수도 있다. 하지만 걱정할 필요는 없다. 그저 한 이터레이션 안에 처리할 수 있도록 여러 개의 작은 스토리로 나누면 되니까. 계획은 계속 업데이트하면서 진행하는 것이 좋다. 이런 방법이 가져다주는 좋은 소식은 바로 반대의 경우에도 같은 방법을 쓸 수 있다는 거다(생각보다 훨씬 작은 스토리들을 만나기도 하니까 말이다).

아마도 SPM의 개념은 일반적으로 많이 쓰이는 애자일 방법론에서는 찾아보기 힘들 것이다. SPM은 나와 내 동료들이 분석이 끝나지 않은 스토리를 가지고 이터레이션을 시작해 시간 낭비를 하는 경우를 피하기 위해 만들어낸 것이니 말이다.

하지만 바로 이게 애자일의 장점이 아닐까? 길은 하나만 있는 게 아니라는 것. 여러분도 무언가가 필요하다고 느낀다면, 새로 만들거나 여러분이 직접 실행해보기 바란다(그 어떤 저자나 책이 뭐라 얘기하든 말이다).

그밖에 매 이터레이션마다 해야 하는 것은 '고객으로부터 피드백 받기'이다.

10.3 쇼케이스

쇼케이스
다음 이터레이션 계획하기
미니 회고하기

이터레이션 (n)

이번 이터레이션 스토리 데모하기
고객의 피드백 받기

자, 이제 여러분은 고객에게 뭔가 가치 있는 소프트웨어를 성공적으로 인도했다. 얼마나 많은 프로젝트가 몇 주, 몇 달, 심지어 가끔은 몇 년 동안 고객에게 아무것도 전달해 주지 못하는지 아는가? 아주 많다.

쇼케이스는 여러분의 팀이 여태껏 얼마나 훌륭하게 일했는지 온 세상에 자랑하고, 고객으로부터 솔직한 피드백을 얻는 자리다.

쇼케이스는 여러분이 지난 이터레이션 기간 동안 개발한 스토리들을 데모하는 자리다. 이 말은 테스트 서버에 실제로 개발한 코드를 올려 보여준다는 뜻이다. 그저 보기에 예쁜 사진이나 우리가 머릿속에 그리는 아이디어를 보여주는 게 아니다. 필요하다면 당장 오늘에라도 배치해서 실전에 내보낼 수 있는 코드를 사용해야 한다.

자, 이제는 스크럼이나 XP에서 추천하는 방법 중 하나인 이터레이션 계획 회의 IPM에 대해 알아볼까?

10.4 다음 이터레이션 계획하기

쇼케이스
다음 이터레이션 계획하기
미니 회고하기

이터레이션 (n)

프로젝트가 어떤 상황인지 파악하기
팀의 속도 재검토하기
어떤 스토리를 개발할지 확정하기

IPM은 고객과 함께 다음 이터레이션에서 무엇을 할지 계획을 세우는 자리다. 팀의 속도를 재검토하고, 다음에는 또 어떤 스토리들이 준비되어 있는지 확인한 후, 다음 이터레이션 동안 여러분의 팀이 얼마만큼의 스토리를 개발할 수 있다고 약속할 수 있을지 함께 모여 알아본다.

IPM은 프로젝트가 어떤 상황인지 금세 파악할 수 있는 기회이기도 하다.

맑은 하늘
- 부드러운 항해
- 장애물 없음
- 더 바랄 것이 없음

흐림, 비 올 확률 있음
- 인도할 수 있음
- 걸림돌이 좀 있기는 함
- 하지만 해결 못할 정도는 아님

큰 폭풍
- 여기 문제가 생겼다, 오버.
- 큰 걸림돌이 눈 앞에 나타났다.
- 도와주세요!

IPM에서는 지금 프로젝트가 어떻게 진행되고 있는지 기상예보와 같이 프로젝트의 날씨를 예측한다. 만약 뭔가 필요한 것이나 특별히 논의하고 싶은 문제가 있다면, 그런 이슈들에 대해 거론하고, 해결책이 될 만한 방안들을 제시하면서 앞으로 어떻게 진행해 나갈 것인지에 대해 이야기하는 기회의 자리다.

출시일에 관해 이야기 할 때는, '번다운 차트'를 사용하자. 이보다 더 정직하고 냉철하게 고객에게 그 날짜가 얼마나 현실적인지 말하는 방법은 아마 없을 것이다.

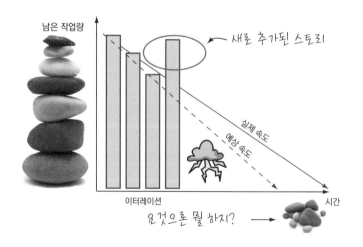

건설적인 피드백을 주는 방법

피드백을 주는 방법에는 두 가지가 있다. 차갑고 직설적으로 말하는 방법:

"수지, 지난 이터레이션에 프린트 모듈 작업을 아주 훌륭하게 했더군요. 그런데 단위 테스트가 많이 부족하네요."

혹은 칭찬을 좀 섞어 말하는 방법:

"수지, 지난 이터레이션에 프린트 모듈 작업을 아주 훌륭하게 했더군요. 그 정도의 섬세함을 단위 테스트에도 적용 해봐요. 아마 곧 세계 최고가 될 거예요."

다른 점이 보이는가? '그런데', '하지만'과 같은 단어의 사용을 피하면, 분위기를 완전히 바꿔서 메시지를 전달할 수 있다.

모든 것을 다 좋게 말하라는 게 아니다. 하지만 가끔은 이렇게 메시지를 바꾸어 말함으로써 길게 봤을 때 사람들의 행동을 변화시킬 수 있다.

효과적으로 소통하려면 어떻게 하는지 더 자세히 알고 싶다면, 데일 카네기의 저서 '인간관계론'을 읽어 보기 바란다.

애자일에서 말하는 시각화란 바로 이런 것이다. 고객이나 이해관계자들과 가능한 한 최대로 투명하게 정보를 나누고, 나쁜 소식일수록 빨리 공유하는 것, 이게 바로 애자일 방식이다.

마지막으로 이터레이션을 마치기 전에 해야 할 일은 우리가 '더 잘할 만한 일이 없나' 스스로에게 물어보는 것이다.

10.5 미니 회고 진행하기

애자일 원칙

팀은 정기적으로 더욱 효과적으로 일할 수 있는 방법을 숙고하고, 그에 따라 행동을 조율하고 조정한다.

회고를 프로젝트가 끝날 즈음이나 주요 릴리스의 마지막에 크고, 화려하게 하루 종일 걸리는 행사로 할 수도 있다. 하지만 여기서 내가 이야기하고자 하는 건 그런 회고가 아니다.

내가 이야기하고자 하는 회고는 팀원들이 10-15분 정도의 짧은 시간 동안 정기적으로 모여서, 우리 팀이 잘 하고 있는 것은 무엇인지, 그렇지 못한 것은 무엇인지에 초점을 맞춰 이야기하는 것이다.

좋은 회고를 진행하기 위한 첫 번째 규칙은 팀원들이 어떤 이야기를 해도 안전하다는 느낌이 들도록 하는 것이다. 만약 그렇지 않다면, 회고에서 가장 우선이 되는 지침이 무엇인지 모두에게 상기시켜 주어야 한다.

회고의 최우선 지침

우리가 무엇을 발견하든, 우리는 여기 있는 모든 사람이 그 당시에 자신들이 알고 있던
정보와 기술, 능력, 당시에 사용 가능했던 자원 그리고 주어진 상황에 미루어,
그들이 할 수 있는 최선을 다 했다는 것을 진정으로 이해하고 믿는다.

회고는 마녀사냥이 아니다.

자, 그럼 이제 다음과 같은 질문을 하면서 회고를 시작해보자.

1. 우리가 잘 하고 있는 것은 무엇인가?

"지미, 이번 단위 테스트 정말 훌륭했어요."

"수지, 스타일 지침서를 만들고 스타일 시트style sheet를 리팩터링한 건 정말 잘한 일인 것 같아요. 이제 애플리케이션 전체적으로 일관성 있는 UX를 쉽게 유지할 수 있게 됐으니 말이죠."

좋았던 행동은 구체적으로 언급하고 인정을 받을 만한 사람에게는 박수를 쳐주는 행동은 여러분이 타고 있는 배가 가던 방향으로 바람을 불게 하고 팀원들로 하여금 이와 같은 행동을 더 하도록 북돋아 줄 것이다.

이번에는 프로젝트의 다른 면, 우리가 더 향상시켜야 할 부분에 대해 살펴보자.

2. 우리가 더 향상시켜야 할 부분은 무엇인가?

"여러분, 지난 이터레이션 동안 개발한 스토리에선 버그가 많이 나왔어요. 이제 속도를 좀 줄이고, 좀 더 꼼꼼하게 작업합시다. 단위 테스트도 충분히 하고 말이에요."

"요즘 코드 베이스에 중복되는 코드가 많이 발견되고 있어요. 개발하면서 시간을 할애해서라도 리팩터링하는 걸 꼭 기억합시다."

"제가 그 프린트 스토리를 완전 망쳤어요. 죄송합니다. 이번 이터레이션 때 다시한 번 기회를 주시면, 이보다 훨씬 낫게 만들겠다고 약속할게요."

어떤 문제든 회고를 하고, 다른 팀원들과 아이디어를 나눈다는 것은 지원이 필요한 부분에 초점을 맞추고, 팀원 모두에게 힘을 북돋아 주게 하는 훌륭한 방법이다. 그런 후에는 테마를 만들어서 몇 번의 이터레이션 동안 향상시키고자 하는 부분을 강조하고 추적하도록 할 수 있다.

회고 진행에 대해 좀 더 명확한 안내를 받고 싶다면 『Agile Retrospectives』[1]를 참고하기 바란다.

하루를 시작할 때, 모두가 빨리 현황 파악을 하도록 해주는 훌륭한 방법이 바로 '일일 스탠드업' 회의다. 그럼 이 이야기를 하면서 마무리를 지어 볼까.

10.6 일일 스탠드업을 진행할 때 하면 안 되는 것

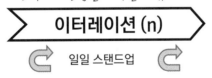

짧은 일일 스탠드업으로 팀원 모두가
프로젝트의 현황을 파악할 수 있다

이터레이션 (n)

일일 스탠드업

팀원들과 함께 할 활동 구성하기
짧게 하기 (10분 이하)
앉지 말기

---

1   옮긴이 번역서로 『애자일 회고: 최고의 팀을 만드는 애자일 기법』(인사이트, 2008)이 있다.

일일 스탠드업은 중요한 정보를 신속하게 팀원들과 논의하는 자리다. 이 짧은 회의는 다른 모든 회의의 종결자다. 이 회의는 5~10분 동안 진행하고, 의자가 필요 없다(사람들에게 시간을 지켜야 함을 상기시켜 준다). 여러분이 어떤 일을 하고 있는지 모두 앞에서 업데이트하고 다른 팀원들이 알아야 할 정보가 있다면 이 자리에서 공유한다.

애자일의 교과서라고 불리는 대부분의 책에서는 일일 스탠드업을 할 때 동그랗게 원을 만들고, 한 사람씩 돌아가면서 팀원들에게 다음과 같은 것에 대해 이야기하라고 한다.

• 어제 무엇을 했는가
• 오늘은 무엇을 할 것인가
• 내 작업 속도를 늦추거나 방해하는 요소가 있는가

물론 알면 좋은 정보이긴 하다. 하지만 이는 그렇게 영감을 주거나 행동에 변화를 일으킬 만한 정보는 아니다.

그러니 저런 이야기 대신, 매일 아침 팀원과 함께 모여 다음과 같은 이야기를 해보면 어떨까?

• 세상을 바꾸기 위해 어제 무엇을 했는가
• 오늘 그 작업을 어떻게 끝낼 것인가
• 불행히도 지금 내 앞을 가로막고 있는 이 장애물을 어떻게 없앨 것인가

이런 종류의 질문에 대답하면 스탠드업이 훨씬 더 역동적으로 바뀔 것이다. 그냥 서서 업데이트를 하는 대신, 여러분의 의도를 세상에 공표하고, 그 의도를 성취하기 위한 계획이 무엇인지 모두 앞에서 이야기하는 것이니 말이다.

이렇게 하면, 아마 다음 중 하나와 같은 일이 발생할 것이다. 그 계획을 잘 수행해서 목표를 달성하거나 이루지 못하거나. 이는 전적으로 여러분 각자에게 달려있다.

여기서 내가 할 수 있는 말은, 만약 여러분이 매일 동료 앞에서 공개적으로 오늘 무슨 일을 할 것인지 약속한다면, 여러분이 그 일을 완성할 확률이 획기적으로 높아질 것이라는 것이다.

10.7 내게 맞는 방법으로 일하기

혹시 이런 회의를 따로 열어야 할지 아니면 모두 합쳐 한 번에 해야 할지 모르겠다면, 그건 전적으로 여러분에게 달려있다.

회의의 횟수를 최소한으로 유지하기 위해서, 어떤 팀들은 쇼케이스와 다음 이터레이션 계획 회의IPM, 그리고 회고를 모두 한 번에 몰아서 한 시간 안에 끝내기도 한다(이 방법은 내가 개인적으로 좋아하는 방법이기 때문에, IPM을 설명하며 소개한 것이기도 하다).

어떤 팀들은 계획을 세우는 회의를 쇼케이스와 분리하고 매주 마지막에 팀원들에게 재미를 주는 활동으로 회고를 사용하는 것을 선호한다.

또 다른 팀들은 고객과 너무나 좋은 관계를 유지해 왔기 때문에 군이 스토리 계획회의SPMs가 필요하지 않다. 고객과 매일 이야기하고 필요할 때마다 디자인 시간을 가지면 되기 때문이다.

길이 하나만 있지 않다는 걸 명심하기 바란다. 만약 아무 가치도 없는 일이 있다면, 과감히 버려라. 다양한 방법을 시도해보면서 무엇이 여러분에게 가장 적합한지 찾아내보자.

다만 이터레이션 기간 동안 시간을 할애해 고객에게 제대로 작동되는 소프트웨어를 보여주고, 다음 이터레이션에 대한 기대치를 세우며, 더 향상시킬 만한 것이 무엇인지 찾아보는 과정만은 반드시 거치도록 하자.

오~ 이런. 스승님께서 여러분이 이런 개념을 모두 제대로 이해했는지 확인해 보고 싶은 눈치로군. 빨리 가서 여태껏 배운 것들을 잘 이해했는지 확인해 보자. 행운을 빈다.

마스터 선생과 열정적인 전사

제군들, 다시 온 걸 진심으로 환영한다. 여러분의 기개를 시험해 보기 위해, 실제 이터레이션과 같은 시나리오를 몇 개 준비해 놓았으니, 질문에 대답하기 전에 먼저 신중히 읽어보도록 하거라.

시나리오 1: 완성되지 않은 스토리

스승: IPM 중에 스토리 하나가 반 밖에 완성되지 않았다는 것을 알게 되었다. 모든 과정을 시각화하기 위해 젊은 프로젝트 관리자는 그 스토리 점수의 절반만을 이번 이터레이션의 팀 작업 속도에 계산하고, 나머지 점수를 이 스토리가 완성되는 다음 이터레이션에 계산했다. 이렇게 하는 게 좋은 아이디어라고 생각하느냐?

제자: 음, 만약 그 스토리가 정말로 절반은 완성이 된 상태라면, 그 스토리 점수의 절반을 현재 이터레이션의 작업 속도로 계산하고 나머지는 다음 이터레이션으로 미루는 것이 나쁠 건 없다고 생각합니다.

스승: 그렇게 생각하느냐? 그럼 이 질문에 어떻게 답하겠느냐? 바퀴가 하나만 달린 마차에 쌀을 운반할 수 있느냐? 사람이 젓가락 하나로만 밥을 먹을 수 있느냐? 고객이 반만 완성된 기능을 가지고 소프트웨어를 출시할 수 있느냐?

제자: 스승님, 당연히 그럴 수 없지 않겠습니까.

스승: 애자일에 1/2, 3/4, 4/5 만 완성된 사용자 스토리란 없다. 스토리는 완벽히 완성됐느냐 아니냐의 두 가지 상태만 있을 뿐이다. 그러니 현재 이터레이션의 작업 속도에는 오직 완벽히 완성된 스토리만을 포함시켜야 한다. 아직 완성되지 않은 스토리들은 다음 이터레이션의 속도를 계산할 때까지 미뤄두도록 해야 한다는 뜻이지.

시나리오 2: 일일 스탠드업이 도움이 안 될 때

스승: 팀원들이 일일 스탠드업에 참여하지 않아 고심하는 팀이 있었단다. 팀원들은 일일 스탠드업이 아무 도움이 되지 않고, 오히려 필요할 때마다 서로에게 이야기하는 것이 더 낫다고 생각하고 있었지. 이럴 땐 어떻게 해야겠느냐?

제자: 팀원 모두가 현황 파악을 하는 것이 얼마나 중요한지, 그리고 바로 이를 성취하기 위해 일일 스탠드업이 얼마나 중요한 역할을 하는지 팀의 리더가 모두에게 상기시켜 주어야 합니다.

스승: 그렇다. 일일 스탠드업의 목적이 무엇인지, 애초에 왜 스탠드업을 하기로 했는지 다시 되돌아 볼 필요가 있겠지. 하지만 그럼에도 스탠드업이 필요 없다고 느낀다면 어떻게 해야 하겠느냐?

제자: 스승님, 이해가 잘 안됩니다. 모든 사람이 매일 짧은 시간 안에 프로젝트의 현황을 파악해서, 프로세스가 더욱 빨라질 수 있는 회의가 어떻게 시간낭비일 수 있는 거죠?

스승: 일일 스탠드업이 여러 가지 장점을 가져다 줄 수 있는 건 사실이지만, 이게 항상 최선책인 건 아니란다. 만약 모두가 같은 공간에 모여 있고, 작은 팀이 서로 가까이 앉아 매일 고객과 함께 일할 수 있는 환경을 가졌다면, 일일 스탠드업이 필요 없을 수도 있으니 말이지.

제자: 그럼, 어떤 팀에게는 일일 스탠드업이 필요 없다는 말씀이신가요?

스승: 어떤 팀이든 자신들에게 가치를 주는 활동만을 지속하고, 그렇지 않은 것은 수정하거나 과감히 버릴 수 있어야 한다는 뜻이란다.

시나리오 3: 이터레이션 기간 동안 가치를 전달하지 못했을 때

스승: 고객에게 아무런 가치도 인도하지 못한 채 이터레이션 기간을 모두 보내버린 팀이 있다. 이 실패의 원인은 그 팀원 자신들에게 있었다. 계획을 세우고, 제 날짜에 이터레이션 시작하는 데에도 실패하고 전반적으로 모두가 게을렀다. 당연히 무엇을 인도하는 것이 쉬울 리 없었고, 그래서 고객과 약속했던 쇼케이스를 취소해버렸다. 과연 이게 현명한 선택일까?

제자: 아무것도 인도하지 못했다는 사실을 직시하려면 직접 고객과 대면해야 한다는 생각도 들지만, 보여줄 것이 없다면 고객과의 회의를 취소한 것이 적절한 처사였다고 생각합니다. 하지만 왜 취소해야 했는지에 대해서는 솔직히 말해야겠죠.

스승: 아… 많이 현명해졌구나. 종종 가치를 전달하지 못할 때가 생기기도 한단다. 하지만 이런 경우처럼 일부러 혹은 노력이 부족해서 생겨서는 안 되겠지. 이 팀원들의 게으름을 어떻게 고칠 수 있겠느냐?

제자: 쇼케이스를 해야 한다고 말씀하시는 건가요? 고객에게 보여줄 것이 아무것도 없는 데도요?

스승: 바로 그거란다! 이렇게 잠깐이라도 수치심을 느끼는 것만큼 좋은 스승은 없단다. 아무것도 보여줄 것이 없다는 것을 고객 앞에서 인정하는 것은 정말 초라함을 느끼게 하는 경험이겠지만, 아마 이런 경험을 다시는 하고 싶지 않을 테니 말이다.

제자: 감사합니다, 스승님. 조금 더 고민해 보겠습니다.

프로젝트 중에 생기는 유쾌하지 않은 상황을 피하려고만 하지 말아야 한다. 이런 상황에 대처해나가는 것이 최고의 스승이 될 수 있기 때문이다. 실수를 인정하고, 어떤 교훈을 얻었는지 다른 사람들과 함께 나누고 다시 또 전진해 나아가면 된다.

다음 단계는?

팀원 간에 커뮤니케이션을 어떻게 할 것인지, 반복적^{iterative}으로 개발해나가는 것이 어떤 것인지 잘 이해했다면, 이젠 어떻게 이를 실천으로 옮길 것인지 알아보자.

　다음 장에서는 시각적인 작업환경의 비밀이 무엇인지 알아보고, 이런 작업환경이 어떻게 여러분 팀이 에너지를 얻고 집중할 수 있도록 해주는지 알아보겠다.

11장

시각적인 작업환경 조성하기

비행기의 이착륙 현황판은 참 훌륭하다. 흘깃 보는 것만으로도 어떤 비행기가 도착하는지, 출발하는지 혹은 취소됐는지 쉽게 알아 볼 수 있으니 말이다.

여러분의 프로젝트에도 이런 현황판이 있다면 어떨까?

시각적인 작업환경을 조성하면 여러분의 팀이 다음에 무엇을 해야 하는지, 지금 어느 부분에 가장 큰 가치를 불어넣어야 하는지를 모르는 일이 절대 없다. 또한 보다 명확하고 집중력 있게 일할 수 있을 뿐 아니라, 더욱 향상된 투명성을 통해 모두가 프로젝트에 보다 현실적인 기대를 가질 수 있을 것이다.

자 그럼, 시작해 볼까?

11.1 오~ 이런...... 상황이 심각해지고 있어!

기업이 흔들리고 있다. 예산은 삭감되고, 시간은 줄어들었다. 하지만 모든 것이 더 나은 방식으로, 더 빠르게, 더 값싸게 진행되도록 요구된다. 여지없이 결과적으로 여러분은 보다 적은 자원을 이용해 더 많은 효과를 내라고 요구 받는다. 관리자들은 여러분이 절반의 팀원으로, 한달 일찍, 같은 기능을 전달하기를 원한다.

이런 상황은 변경의 여지없이 신속하게 진척되기 마련이라, 관리자들은 이렇게 변경된 계획에 여러분이 동의하는지 확인하고자 하는 회의를 내일 하자고 한다.

이럴 수가! 이제 어떻게 한다? 이들이 원하는 게 너무나 터무니없다는 건 여러분도 알고, 팀원들도 모두 알고 있다. 아마도 그런 사실을 모르는 사람은 관리자들 뿐인 것 같다.

자, 그럼 여러분도 절반의 자원을 가지고 같은 양의 기능을 전달하고 싶은 마음은 굴뚝같으나, 현실적으로 불가능하다는 것을 어떻게 보여줄 수 있을까?

임원들을 작업 공간으로 모셔라

형식적인 회의를 준비하고 파워포인트로 장황하게 설득하는 대신, 관리직 임원들을 여러분의 작업 공간에 데려와 프로젝트의 상황을 직접 보여주도록 하자.

이미 모두가 볼 수 있도록 벽에 잘 붙여져 있는 인셉션 덱에 있는 내용에 대해 이야기하는 것으로 대화를 시작해 보자.

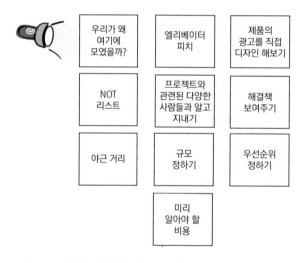

이때 여러분은 인셉션 덱이 여러분과 팀이 프로젝트의 목표가 무엇인지 잊지 않기 위해 사용되는 도구라고 설명해 주어야 한다. 이렇게 시각화된 작업환경에서 일하면, 고객이 누구인지, 그들이 성취하려 하는 바가 무엇인지, 더 중요하게는 애초에 왜 비용을 들여가면서 이 프로젝트를 시작 했는지 항상 상기시켜 준다고 말이다.

감명 받은 임원들은, 벽에 한 걸음 더 가까이 다가가 지금 이 프로젝트가 어디까지 진행되었는지 물어볼 것이다. 이때 그들의 관심을 릴리스 상황판Release Wall으로 옮겨 대답해보자.

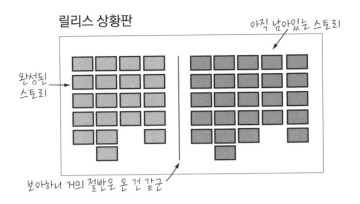

릴리스 상황판은 어떤 스토리가 완성되었는지, 아직 남아있는 스토리는 무엇인지 쉽게 가늠하게 해준다. 상황판의 왼쪽 편에는 충분히 분석, 개발, 테스트되어 고객에게 검증된(이미 출시된) 기능들을 보여주고, 오른편에는 여전히 개발해야 하는 스토리들이 나열되어 있다.

현재 이터레이션에서 어떤 스토리를 개발하고 있는지 그들이 알고 싶어 한다면, 그땐 '이터레이션 스토리보드Storyboard'로 옮겨가 보자.

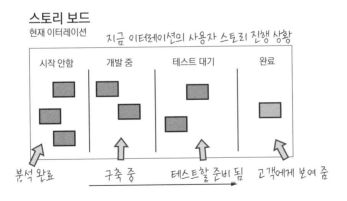

스토리보드는 이터레이션 기간 동안 만들 기능들(혹은 사용자 스토리)의 개발 현황을 보여준다. 아직 개발되지 않은 기능들은 왼쪽에, 이미 개발이 완성되어 고객들에게 검증 받은 스토리는 오른쪽에 위치한다. 스토리는 개발이 되면서 스토리보드의 왼쪽에서 오른쪽으로 점점 움직인다. 그리고 충분히 개발되고 테스트되어 고객에게 검증을 받았을 때에만 '완성' 구간에 놓이게 된다.

지금쯤이면 임원들이 시계를 힐끔거리며, 언제쯤 프로젝트가 끝날 것인지 물어올 것이다.

이 질문에 대답하기 위해서, 이번에는 벽에 붙어있는 것 중 유일하게 설명하지 않은 두 차트 앞으로 가보자. '팀의 속도'와 '프로젝트 번다운 차트'가 바로 그것이다.

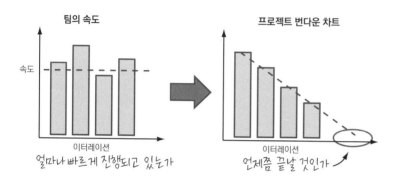

팀의 속도Velocity란 팀의 생산성을 가장 근접하게 측정한 수치라는 걸 임원들에게 알려주도록 하자. 우리 팀이 매주 얼마만큼의 일을 완성하는지 측정하고 이를 기반으로 언제쯤 프로젝트가 끝날지 현실적으로 측정하고 있다고 말이다. 프로젝트 번다운 차트를 보고 바로 알 수 있다고.

번다운 차트(8.5 '번다운 차트'(131쪽) 참조)는 속도를 이용해 개발 팀이 고객의 리스트에 있는 요구사항들을 얼마나 빨리 완성할 수 있는지 보여준다. 이 리스트에 있는 모든 요구사항을 인도했거나 비용이 다 바닥났을 경우에 프로젝트는 끝이 나게 된다(어떤 경우가 먼저 발생하든지 간에).

이렇게 여러분의 작업 환경을 임원들에게 보여주었다면, 이제 방안에 있는 모든 사람에게 분명해진 사실을 조용히 언급할 때다. 개발팀을 반으로 줄인다는 것은 팀의 속도를 반으로 줄이는 효과를 낸다는 사실 말이다.

여러분이 얼마나 프로젝트의 상황을 잘 관리하고 있는지 보고 감탄하면서, 임원들은 아마 시간을 내주어 고맙다는 인사를 하고는 다음 회의로 발걸음을 옮길 것이다.

몇 주 뒤, 당신은 회사가 새로운 전략으로 방향을 바꾼다며, 프로젝트가 취소될 것이라는 메일을 받는다(인생이 가끔 이렇다).

하지만 좋은 소식은 프로젝트 관리 방식에 감명을 받은 임원들이 새로운 프로젝트의 지휘권을 당신에게 맡기고 싶어 한다는 것이다!

이것은 시각적인 작업환경이 이해관계자들로 하여금 적절한 기대치를 갖게 해주고, 현실을 직시하는 데 결정적인 역할을 한다는 것을 보여주는 하나의 예일 뿐이다. 하지만 이런 작업환경이 정말 좋은 이유는 여러분과 팀원들이 세웠던 계획을 실행으로 옮기고, 집중력 있게 일할 수 있는 환경을 조성해 준다는 데 있다.

자 그럼 이런 작업환경을 어떻게 조성하는지 알아보자.

11.2 시각적인 작업환경 조성하는 방법

시각적인 작업환경을 조성하는 방법은 꽤 간단하다. 애자일을 처음 접하는 팀이라면, 다음과 같은 것을 준비하며 시작하라고 하고 싶다.

- 스토리보드Story Wall
- 릴리스 상황판Release Wall
- 속도Velocity와 번다운 차트Burn down graph
- 공간에 여유가 있다면, 인셉션 덱Inception deck

인셉션 덱은 여러분이 왜 여기 모였는지, 이 프로젝트의 목표는 무엇인지를 모두에게 상기시켜 주기 때문에 좋다(이런 사항은 프로젝트가 진행되면서 잊기 십상이니까).

스토리보드는 어느 누가 아침에 출근해도 다음에 할 일이 무엇인지 정확히 알 수 있게 해주기 때문에 매우 좋다.

또한 스토리보드는 시스템에서 어디가 병목bottleneck이고, 자원을 어디에 배치해야 하는지도 보여준다.

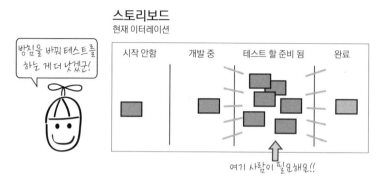

릴리스 상황판은 정말 예술인 것 같다. 여러분의 공간에 발을 디디는 사람이면 한눈에 프로젝트의 상황을 파악할 수 있으니 말이다. 이건 완료된 것이고, 저건 아직 해야 할 일이다. 이런 사실을 파악하는 데 멋들어진 계산이나 엑셀 문서 같은 건 필요 없으니 말이다.

애자일 계획짜기에서 심도 있게 다루었던 것처럼, 잘 만들어진 번다운 차트만큼 기대치를 세우기에 좋은 게 없다. 그러니 번다운 차트는 꼭 벽에 붙여놓고, 출시일이 얼마나 현실적인지, 실제 프로젝트의 동향은 어떤지 항상 살피기 바란다.

물론 이건 시작일 뿐이다. 만약 여러분이 프로젝트를 진행하는 데 도움이 될만한 다른 그림이나 모형mock up, 다이어그램이 있다면, 벽에 붙이고 모두가 볼 수 있도록 해야 한다.

다음은 여러분의 작업환경을 시각적으로 조성하기 위한 또 다른 아이디어들을 소개해 보겠다.

11.3 여러분의 의도를 보여주라

작업 동의서는 "이게 바로 우리 팀이 일하는 방법입니다"라고 말하는 것과 같다. 이는 모든 사람에게 우리 팀이 어떻게 일할 것인지 알려주고, 만약 누군가 팀에 합류한다면 우리가 기대하는 바가 무엇인지를 알려준다.

공유하는 가치Shared values도 비슷하다. 그저 좀 더 섬세할 뿐이지. 만약 품질을 포기하도록 강요당하거나 형편없는 소프트웨어를 개발하는 팀이라는 소리를 듣는데 지친 팀이라면, 자신들이 생각하는 공유하는 가치를 만들어 다른 팀원들과 공유해 보자.

작업 동의서	공유하는 가치
• 주요 근무시간 오전 9시 – 오후 4시	• 우리는 일을 쉽게 하려고 절차나 원칙을 무시하지 않는다.
• 오전 10시 정각에 일일 스탠드업	• 깨진 유리창(Broken window)을 만들지 않는다.
• '완료' 단계가 되려면 테스트 과정을 거쳐야 함.	• 다른 사람이 의견에 동의하지 않아도 괜찮다.
• 빌드 항상 주시하기	• 현재 상황이 얼마나 열악하든, 사실을 사실 그대로 받아들이자.
• 누군가 도움을 청하면 '예'라고 답하기.	• 확실하지 않은 게 있다면, 추측하지 말고 물어라.
• 매주 화요일 오전 11시에 고객에게 데모하기.	• 의심이 난다면, 테스트를 작성하라.
• 고객은 오후 1~3시 사이에 참여 가능.	• 끊임없이 피드백을 받아라
	• 자존심은 문 밖에 두고 와라

프로젝트에서 나누어야 할 또 다른 것으로는 '언어'가 있다.

11.4 공통된 도메인 언어를 만들어 팀원들과 공유하자

여러분이 소프트웨어를 개발할 때 사용하는 언어들이 비즈니스를 하는 사람들의 언어와 맞지 않는다면, 여러 가지 문제점이 생길 수 있다.

• 잘못된 추측으로 소프트웨어를 개발한다. (업무 담당자들에게 위치location라는 단어는 특정한 의미를 갖고, 개발자들에게는 또 다른 의미로 해석된다.)

• 소프트웨어를 바꾸기가 힘들어진다. (스크린에 쓰이는 언어들이 데이터베이스에 저장될 때 쓰이 언어와 맞지 않기 때문이다.)

• 많은 버그와 높은 유지비를 초래한다. (소프트웨어에 변화를 주어야 할 때 추가로 더 많이 일해야 하기 때문이다.)

이런 기능 장애를 피하려면, 개발하는 사람과 비즈니스 하는 사람이 공통되게 사용하는 언어를 만들고, 사용자 스토리, 모델, 그림, 코드를 작성할 때 항상 사용하도록 해야 한다.

예를 들어, 시스템에 관해 이야기할 때 여러분과 고객이 사용하는 키워드가 있다면 이를 적어 놓고, 각 단어가 정확히 무슨 뜻인지 정의하고, 소프트웨어에서도 이 정의에 맞게 사용하도록 해야 한다(스크린, 코드, 데이터베이스 칼럼 등에서 말이다).

이렇게 하는 것은 버그를 최소한으로 줄일 수 있을 뿐 아니라, 고객들과 이야기하기도 한결 쉬워진다. 여러분의 코드가 그들이 설명하는 비즈니스와 딱 들어맞을 테니까 말이다.

이 주제에 대해 이 책에서 더 자세히 이야기할 시간이나 공간은 없기에, 에릭 에반스의 『Domain Driven Design: Tackling Complexity in the Heat of Software』[1] 이라는 훌륭한 책을 읽어볼 것을 권한다.

11.5 버그 관리하기

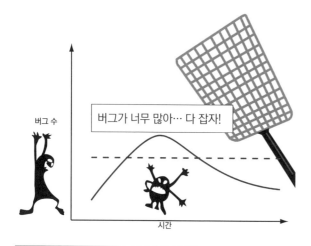

---

[1] 옮긴이 번역서로 『도메인 주도 설계』(위키북스, 2011)가 있다. 간략하게 DDD를 훑어보려는 분껜 『도메인 주도 설계란 무엇인가 (Domain Driven Design Quickly)』(인사이트, 2011)을 추천한다.

출시하기 직전에 버그가 너무 많다고 놀라지 않으려면, 프로젝트 첫날부터 버그를 관리해야 한다.

매 이터레이션마다 10퍼센트의 시간은 버그를 고치고 기술적인 부채(13장 「리팩터링」 참조)를 해결하도록 하자. 버그를 발견하면 그 자리에서 고쳐가면서, 버그가 늘어나지 않게 말이다.

마스터 선생과 열정적인 전사

제자: 스승님, 만약 제가 일하는 곳이 시각화된 작업환경을 조성하기에 적합하지 않다면 어쩌죠?

스승: 그래, 어떤 사무실은 벽에 무엇을 붙이기에 적합하지 않을 수도 있지. 만약 그런 것을 허락하지 않는 사무실 환경이라면, 그런 어려움이 있다는 사실을 받아들이고, 앞으로 어떻게 해야 할지 결정하는 수밖에.

제자: 그렇군요, 스승님. 그럼 그런 사무실을 조성하기 위해 더 싸워야 할까요, 아니면 상황을 있는 그대로 받아들여야 할까요?

스승: 그건 네게 달려있단다. 타협을 할 수도 있고, 현실에 동의를 할 수도 있고, 절대 양보 못한다며 강력히 맞서 싸울 수도 있을 것이다. 때와 장소에 따라 그마다 적합한 선택이 있을 것이다. 네가 진정 원하는 것이 무엇인지 알아보고, 네 편을 찾거라. 그리고 얼마나 가치 있는 싸움이 될지 판단하거라.

제자: 이게 정말 중요한 것이라면, 제가 어떻게 타협하면 좋을까요?

스승: 이런 상황이 닥칠 때, 어떤 이는 스토리보드를 접어 놓고 작업환경을 깔끔하게 유지한단다. 다만 일을 하는 동안 팀원들이 서로 자유롭게 이야기할 수 있도록 권장하면서 말이다. 또 어떤 이들은 온라인 도구를 사용해서 가상 스토리보드를 만들어 중요한 정보를 다른 팀원들과 나누기도 하지.

제자: 아, 그럼 시각적인 작업환경이 반드시 물리적일 필요는 없다는 뜻인 거군요?

스승: 그런 건 아니다. 물리적인 것이 단연 최고의 방법이지만, 가끔 그럴 수 없는 상황에 이런 방법도 사용한다는 말이다.

제자: 만약 제가 맞서 싸우고 싶다면요? 그땐 어떻게 하죠?

스승: 그저 단순한 시각적인 작업환경을 조성하고, 프로젝트를 하는 동안 매일 사용하는 데서

부터 시작해 보거라. 커뮤니케이션과 교육을 꾸준히 병행하다 보면, 그들도 이런 환경이 어떤 장점을 가져다주는지 자연히 알 수 있게 될 테니 말이다.

학생: 만약 깨닫지 못하면 어쩌죠?

스승: 보통 근본적인 원인은 '감정'이란다. 어쩌면 네가 성취하고자 하는 것에 반대하는 사람들이 있을 수도 있으니 이렇게 네게 대항하는 근본적인 이유가 무엇인지 이해하려 해 보거라. 어쩌면 대화를 통해 양쪽 모두에게 좋은 해결책을 찾을 수도 있으니까. 시간과 인내가 네 최고의 무기가 될 것이다.

다음 단계는?

이제 여러분의 여행이 거의 막바지에 이르렀다. 모두를 한 버스에 태우고(3장 「모두 한 버스에 타는 법」 34쪽), 계획을 짜고(8장 「애자일로 계획 짜기」 115쪽), 이젠 어떻게 실천으로 옮기는지 배웠으니 말이다.

다음은 '애자일 소프트웨어 엔지니어링'인데, 여태껏 배운 애자일을 구현하기 위해 여러분의 팀에게 필요한 애자일 소프트웨어 엔지니어링 실천방법의 핵심을 집중적으로 알아볼 것이다.

만약 여러분이 코드를 짜는 사람이라면 이 부분은 반드시 읽어야 한다. 하지만 언젠가 애자일 프로젝트를 이끌어갈 사람에게도 꼭 추천해주고 싶다. 애자일은 확실한 기술적 실천법 없이는 구현할 수 없으니까. 어쩌면 앞으로 배울 네 개 장은 한 장 한 장이 하나의 책이 될 수도 있겠지만, 이 책에서는 맛보기로 이런 실천법들이 어떻게 실현되고, 팀의 애자일성agility을 확보하기 위해서 이런 것들이 왜 중요한지 알아보겠다.

그럼 어떤 프로젝트에서든 최고로 시간을 절약해주는 '자동화된 단위 테스트 Automated unit testing'에 대해 알아볼까?

Part. V

애자일
소프트웨어
만들기

단위 테스트:
제대로 작동하는지 확인하기

계획을 짜고 기대치를 관리하는데 많은 시간을 들여도, 튼튼한 소프트웨어 엔지니어링 실천법이 없다면 애자일 프로세스는 잘 진행되지 않는다. XP의 '짝 프로그래밍'처럼 논란이 있는 실천법도 있지만, '자동화된 단위 테스트'는 널리 받아들여지고 있다.

이 책의 마지막 네 장에서, 우리는 아주 간단한 '애자일 소프트웨어 엔지니어링'에 대해 배울 것이다.

- 단위 테스트
- 리팩터링
- 테스트 주도 개발TDD
- 지속적인 통합

아마 각 장이 책 한 권씩으로 소개될 수도 있을 테지만, 여기서는 이런 개념을 소개하고, 최소한 여러분이 이 기술이 과연 무엇인지 이해하고 시도해 볼 수 있도록 할 것이다.

모든 예제는 Microsoft .NET C#으로 되어있다(하지만 어떤 언어에든 적용할 수 있는 개념들이다). 혹시나 기술적인 것은 잘 몰라도 걱정할 필요 없다. 여러분이 알아두면 좋은 것들이고, 설명하면서 중요한 부분은 내가 강조할 테니 말이다.

그럼, 애자일 소프트웨어 엔지니어링을 단단히 뒷받침하는 실천법 중 하나인 '철저하고도 광범위한 단위 테스트'에 대해 살펴보도록 하자.

12.1 라스베가스에 온 걸 환영합니다!

여러분과 같은 행운아가 또 있을까?! 여러분은 방금 블랙잭 시뮬레이터를 만드는 개발팀에 합류하게 되었다! 여러분의 첫 번째 임무는 카드 덱을 설계하는 것이다.

다음은 C#으로 기본 카드 덱을 만들고자 쓴 여러분의 첫 코드다.

```
Download tdd/src/Deck.cs
```

```csharp
public class Deck
{
    private readonly IList<Card> cards = new List<Card>();

    public Deck()
    {
        cards.Add(Card.TWO_OF_CLUBS);
        cards.Add(Card.THREE_OF_CLUBS);
        // .. 나머지 클로버

        cards.Add(Card.TWO_OF_DIAMONDS);
        cards.Add(Card.THREE_OF_DIAMONDS);
        // ... 나머지 다이아몬드

        cards.Add(Card.TWO_OF_SPADES);
        cards.Add(Card.THREE_OF_SPADES);
        // ... 나머지 스페이드

        cards.Add(Card.TWO_OF_HEARTS);
        cards.Add(Card.THREE_OF_HEARTS);
        // ... 나머지 하트

        // 조커
        cards.Add(Card.JOKER);
    }
}
```

> ## 버그를 고치기 전에 실패하는 단위 테스트를 작성하자
>
> 여러분의 소프트웨어에서 버그를 발견했다면, 아마 바로 고치고 싶을 것이다. 하지만 제발 그러지 말고 실패하는 단위 테스트를 써서, 그 틀에 버그를 잡아둔 후에 고치도록 하자. 이 방법은 다음과 같은 점들을 보장해 줄 것이다.
>
> - 버그의 본질을 이해했다는 것을 증명할 수 있다
> - 버그를 고쳤다고 확신할 수 있다
> - 같은 버그가 소프트웨어에 재발하지 않을 거라고 확신할 수 있다

동료에게 검증도 받았고, 아무 문제도 없어 보였다. 그런데 출시하기 직전에 QA가 버그를 찾았다. 블랙잭 덱에는 조커 카드가 없어야 한다는 것! 당신은 그 버그를 고쳐서, QA에게 새로운 빌드를 만들어 주었고, 그 코드로 소프트웨어가 출시되었다.

그런데 몇 주 후, 당신은 QA 관리자로부터 험악한 이메일을 받게 된다. 어제 출시된 제품에 큰 버그가 있다는 것이다. 누군가가 Card 클래스에 조커를 넣어서, 회사가 당장 수만 달러를 고객에게 물어주게 되었다는 것이다!

"뭐라고요? 그럴 리 없어요. 몇 주 전에 내가 그 버그를 고쳤습니다." 곰곰이 생각해보니, 당신이 멘토링하던 인턴이 진짜 카드 덱과 Card 클래스가 같은지 확인해보라고 지시했던 당신의 말을 너무 곧이곧대로 들었던 것 같다.

그녀는 자신이 버그를 찾은 줄 알고, 조커를 카드 덱에 다시 끼워 넣었던 것이다.

그 학생은 당황스러워하며 당신과 팀원들에게 사과를 했다. 그리고 따로 당신에게 찾아와서는 앞으로 절대 이런 일이 없게 하려면 어떻게 해야 하는지 물어왔다.

그녀에게 뭐라고 말할 것인가? 한 번 고친 이 조커 버그가 다시는 코드 베이스에 나타날 일이 없도록 하려면 그녀는 (혹은 당신은) 어떻게 해야 할까?

여기서 그럼, 단위 테스트를 한 번 들여다보자.

12.2 단위 테스트

단위 테스트는 작은 메서드 단계의 테스트다. 개발자들은 소프트웨어를 변경할 때마다 자신들이 의도한 대로 고쳐졌는지 확인하기 위해 단위 테스트를 쓴다.

예를 들어, 이 카드 덱에 52장의 카드(53장이 아니라)가 있는지 확인해 보고 싶다고 해보자. 단위 테스트는 아마 다음과 같이 생겼을 것이다.

Download tdd/test/DeckTest.cs

```
[TestFixture]
public class DeckTest
{
    [Test]
    public void Verify_deck_contains_52_cards()
    {
        var deck = new Deck();
        Assert.AreEqual(52, deck.Count());
    }
}
```

분명히 말해두는데, 위에 제시된 코드는 출시된 블랙잭 시뮬레이터에서 사용되는 진짜 코드가 아니라, 진짜 코드가 정말 기대하는 대로 작동하는지 확인하는 테스트 코드이다.

코드가 어떻게 작동할지 조금이라도 미심쩍거나, 결과가 기대하는 대로 나오는지 확인하고 싶을 때마다 단위 테스트를 쓰도록 하자(위의 예는 카드 덱에 52장의 카드가 있는지 확인하는 단위 테스트다).

자동화되어 실행하기 쉬운 단위 테스트의 가치는 헤아릴 수가 없다. 소프트웨어에 조금이라도 변화가 있을 때마다 이 단위 테스트를 실행해서 새로운 코드가 고장break 낸 것이 무엇인지 재빨리 확인할 수 있기 때문이다(더 자세한 사항은 15장 「지속적인 통합」(220쪽)에서 알아보겠다).

전형적으로 애자일 프로젝트에는 몇백, 아니 몇천 개의 단위 테스트가 존재한다. 단위 테스트는 비즈니스 로직에서부터 고객의 정보가 데이터베이스에 잘 저장되고 있는지 확인하는 기능 등 애플리케이션 전체를 아우르는 테스트다.

이렇게 코드 베이스에 대한 단위 테스트를 많이 쓰면 다양한 혜택이 따른다.

익스트림 프로그래밍^{XP}에 "문제가 생길 수 있는 것이라면 무엇이든 테스트하라"라는 말이 있다. 만약 시스템에 문제를 일으킬 만한 부분이 있다면, 그 부분에 대한 자동화 테스트를 작성하라고 개발자들에게 상기시켜 주는 말이다.

완벽히 모든 것을 다 테스트한다는 것은 아마 불가능한 일일 것이다. 하지만 이런 시도는 테스트에 관한 애자일 방법론의 정신이 어떤지를 여실히 보여준다. 소프트웨어가 잘 작동하는지 확인하기 위해서는 가능한 한 많은 테스트를 작성해야 하고, 주어진 비용으로 최대의 효과를 보기 위해서 어느 부분에 많은 테스트가 필요한지 알아내는 데는 여러분의 판단력이 필요하다.

14장 「테스트 주도 개발^{TDD}」(210쪽)에서는 테스트 주도 개발이 여러분의 테스트 비용을 최대로 활용할 수 있도록 어떤 도움을 줄 수 있는지 이야기 해 보고, '모든 것을 철저히 테스트하기' 대 '적당히 테스트하기' 사이에서 적절한 균형을 유지하는 방법에 대해 이야기 해보자.

- **단위 테스트는 피드백을 즉각적으로 준다**

  여러분이 코드를 변경하고 단위 테스트에 문제가 생기면, 이 사실을 즉각적으로 알 수 있다(출시된 후 3개월 후가 아니라).

- **단위 테스트는 회귀테스트**^{regression test} **비용을 극적으로 낮춰준다.**

  새 릴리스가 나올 때마다 모든 기능을 수동 테스트하는 대신, 쉬운 것은 자동화 해서 좀 더 복잡한 것을 테스트하는데 시간을 더 할애할 수 있다.

- **단위 테스트는 디버깅 시간을 획기적으로 줄여준다.**

  단위 테스트가 실패하면, 시스템의 어느 부분에 문제가 있는지 정확히 알 수가 있다. 디버깅을 하려고 몇천 줄이나 되는 코드를 한 줄 한 줄 읽어 가면서 문제가 있는 코드 한 조각을 찾기 위해 열을 올리지 않아도 된다는 말이다. 마치 안개를 헤치는 레이저 광처럼 단위 테스트가 정확히 어디에 문제가 있는지 보여줄 테니까.

- **단위 테스트는 우리가 자신 있게 배치할 수 있게 해준다.**

  여태껏 작업한 코드를 제품으로 출시하려 할 때, 자동화된 테스트가 든든히 받쳐주고 있다고 생각하면 기분이 좋다. 모든 것이 다 완벽하게 작동한다고 보장해주지 않더라도, 더 재미있고 복잡한 부분을 테스트 할 여력을 우리에게 주니 말이다.

  단위 테스트를 전쟁에 나가기 전에 입어야 할 갑옷이라고 생각하자. 이 테스트는 여러분의 코드에 영원히 남아 각 기능이 잘 실행되는지 확인해주고, 프로젝트를 하는 중에 생기는 여러 가지 변화나 예상치 못했던 걸림돌로부터 우리를 보호해준다.

경고: 자동화된 테스트를 쓰는 일이 쉽지 않은 경우를 종종 만나게 될 것이다. 예를 들어, 카드 덱이 잘 섞이는지 확인하는 테스트를 쓰는 건 쉽지 않다(일정한 답이 있는 게 아니고 항상 변하기 때문에). 또한 컨커런시concurrency와 멀티쓰레드multithread가 있는 애플리케이션을 테스트하는 일은 아무리 쉽게 표현하려고 해도 '도전적인' 작업일 수밖에 없다.

  하지만 여러분이 이런 상황에 있다 해도, 이런 경우는 일반적이라고 하기보다는 예외라고 할 수 있으니 너무 절망하지 말자. 대상object을 객체화시켜 메서드methods가 잘 작동하는지 확인assertion하는 작업을 할 경우가 훨씬 더 많을 테니 말이다. 오늘날은 단위 테스트를 위한 모의 객체 프레임워크unit test mocking frameworks 또한 존재하니 그럴 확률이 심우 더 높다.

  만약 쉽게 테스트를 할 수 없는 전자의 상황에 부딪혔다면, 어쩌면 여러분의 설계에 문제가 있을지도 모른다(14장 「테스트 주도 개발」 210쪽). 그게 아니라면 정말 테스트하기 힘든 레거시 코드legacy code를 상속받았는지도 모른다.

만약 그런 경우라면, 어쩔 수 없다. 그저 모든 것을 다 테스트할 수는 없다는 사실을 그대로 받아들이자. 하지만 반드시 꼼꼼하게 수동 테스트와 탐색적 테스트로 보완한 후에 다음으로 넘어가자.

단, 절대 그냥 포기하지는 말아라! 어느 기능을 수행하는 한 묶음chunk의 코드를 자동화해서 테스트하려는 시도는 언제나 해야 한다. 언젠가 서둘러 버그를 고쳐 출시를 해야 할 때, 이렇게 조금씩 코드에 갑옷을 입히는 작업이 분명 많은 도움이 될 테니 말이다.

또한 마이클 페더스Michael Feathers의 저서 『Working effectively with Legacy Code』를 읽어 보라고 추천하고 싶다. 레거시 코드를 어떻게 다루고, 코드 변경에 좀더 개방적일 수 있도록 하는 수없이 많은 도움을 접할 수 있을 것이다

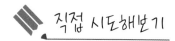

직접 시도해보기

자 그럼 테스터처럼 생각하는 연습을 해보자. 다음과 같은 요구사항이 있는 카드 클래스 덱에 과연 어떤 단위 테스트를 쓸 수 있을까? 공포스럽기까지 한 조커 버그가 다시는 발생하지 않도록 하려면 어떻게 해야 할까?

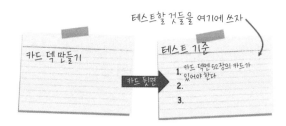

여러분의 테스트가 이와 비슷하다면, 잘 하고 있는 것이다. 나중에 문제가 될 만한 것이라면 다 테스트해야 하니, 만약 그런 의심이 드는 것이 있다면, 망설이지 말고 테스트를 작성하자.

```
[TestFixture]
public class DeckTest2
{
```

```
[Test]
public void Verify_deck_contains_52_cards()
{
    var deck = new Deck();
    Assert.AreEqual(52, deck.Count());
}

[Test]
public void Verify_deck_contains_thirteen_cards_for_each_suit()
{
    var Deck = new Deck();
    Assert.AreEqual(13, Deck.NumberOfHearts());
    Assert.AreEqual(13, Deck.NumberOfClubs());
    Assert.AreEqual(13, Deck.NumberOfDiamonds());
    Assert.AreEqual(13, Deck.NumberOfSpades());
}

[Test]
public void Verify_deck_contains_no_joker()
{
    var Deck = new Deck();
    Assert.IsFalse(Deck.Contains(Card.JOKER));
}

[Test]
public void Check_every_card_in_the_deck()
{
    var Deck = new Deck();

    Assert.IsTrue(Deck.Contains(Card.TWO_OF_CLUBS));
    Assert.IsTrue(Deck.Contains(Card.TWO_OF_DIAMONDS));
    Assert.IsTrue(Deck.Contains(Card.TWO_OF_HEARTS));
    Assert.IsTrue(Deck.Contains(Card.TWO_OF_SPADES));

    Assert.IsTrue(Deck.Contains(Card.THREE_OF_CLUBS));
    Assert.IsTrue(Deck.Contains(Card.THREE_OF_DIAMONDS));
    Assert.IsTrue(Deck.Contains(Card.THREE_OF_HEARTS));
    Assert.IsTrue(Deck.Contains(Card.THREE_OF_SPADES));

    // the others
}
```

그리 기술적이지 않은 분들을 위해 조금 더 설명하자면, 위의 코드는 다음의 세 가지를 확인하는 단위 테스트를 포함하고 있다.

- 덱deck마다 각 슈트suit의 카드 13장이 있는지 확인하기[1]
- 덱에 조커가 없는 것 확인하기(조금 전에 우리가 놓쳤던 버그가 바로 이것이다)

---

[1] 옮긴이 카드 덱은 보통 4개의 슈트(스페이드, 하트, 다이아몬드, 클럽)로 이루어져 있다.

• 덱에 있는 카드를 한 장 한 장 확인하기(52장이 모두 있는지)

어디서 더 배울 수 있을까?

지금까지는 수박 겉핥기식으로 대략 단위 테스트의 맛만 보았다. 아직도 이에 대해 배울 것이 너무나 많다. 다행히도 단위 테스트는 소프트웨어 프로젝트에서 점점 더 보편화되고 있어서 최근에 나온 대부분의 언어들은 단위 테스트 프레임워크(자유롭게 다운로드 가능하다)와 이를 어떻게 시작하는지가 적힌 사용설명서를 제공하고 있다.

이에 대해 더 알고 싶은 개발자가 있다면 켄트 벡^{Kent Beck}의 문서가 좋은 출발점이 될 것이다.

또한 『Pragmatic Unit Testing in C# with NUnit』과 『Pragmatic Unit Testing in Java with JUnit』도 읽어보라고 권하고 싶다.[2]

마스터 선생과
열정적인 전사

제자: 스승님, 단위 테스트가 팀의 개발 속도를 느리게 하지는 않나요? 아니, 코드보다 두 배 이상 테스트를 써야 하잖아요. 안 그런가요?

스승: 만약 프로그래밍이 단순히 타자만 치는 것이라면, 그게 그럴 수 있겠다. 단위 테스트는 우리가 소프트웨어의 코드를 바꿀 때마다 전체 시스템이 원래 생각했던 대로 작동하는지 확인하기 위해 있는 것이란다. 그러니 우리가 변화를 줄 때마다, 전 시스템을 일일이 회귀 테스트를 하지 않아도 되니, 시간을 번다고 할 수 있지.

제자: 네, 그렇군요. 하지만 단위 테스트를 쓰지 않았다고 코드가 깨지기 쉬운 건가요? 코드를 바꿀 때마다 이 단위 테스트에 문제가 생기지 않는다고 어떻게 장담할 수 있습니까?

스승: 하드 코딩^{hard coding}된 데이터나, 강하게 결합되고^{tightly coupled} 서툴게 설계된 코드로 문제가 있는 테스트가 있을 수 있지만, 테스트가 설계를 주도하게 되는데 익숙해지게 되면(14장 「테스트 주도 개발」 210쪽), 테스트가 점점 더 튼튼해지고 설계도 더 향상된

---

2 옮긴이 번역서로 『실용주의 프로그래머를 위한 단위 테스트 with jUnit』(인사이트, 2004)가 있다. 더 읽으면 좋은 책으로 『jUnit in Action: 단위 테스트의 모든 것』(인사이트, 2011), 『.NET 예제로 배우는 단위 테스트』(인사이트, 2010), 『xUnit 테스트 패턴』(에이콘, 2010)이 있다.

다는 걸 경험할 수 있을 것이다. 또한 최근의 통합 개발 환경integrated development environments, IDEs은 코드와 테스트를 변경하는 작업이 더욱 용이하도록 해주고 있어서, 몇 개의 단축키만으로도 코드 전체에 있는 메서드 이름을 바꿀 수 있다. 바로 이런 개발 환경들이 네가 쓴 테스트와 출시할 제품이 한 묶음으로 움직일 수 있도록 해준단다.

제자: 단위 테스트로 모든 코드를 100% 커버리지하는 걸 목표로 해야 하나요?

스승: 그런 건 아니다. 단위 테스트의 목적은 얼마나 많은 코드를 커버 하느냐가 아니라, 소프트웨어가 얼마나 견고하고 출시할 정도로 안전한지 모두에게 자신감을 주는 데에 있다.

제자: 그렇다면 얼마나 많은 단위 테스트를 써야 한다는 말씀이시죠?

스승: 그건 너와 팀원들이 함께 결정할 일이다. 어떤 프레임워크와 언어들에선 테스트 커버리지가 쉽지만, 어려운 경우도 있으니 말이다. 이제 막 시작하는 단계라면, 얼마나 많은 영역에 단위 테스트를 썼는지에 대해 걱정하기보다 최고 품질의 테스트를 가능한 많이 작성하는데 주의를 두도록 하거라.

다음 단계는?

잘 따라와 주었다. 이제 여러분은 애자일 소프트웨어 엔지니어링 실천법 중에서 가장 기본이 되는 것을 배워 보았다. 튼튼하게 만들어진 자동화된 단위 테스트 없이는 다른 실천법들이 흐지부지 될 테니 말이다.

이제는 이런 단위 테스트를 토대로, 다른 제품처럼 이유 없이 값비싸고, 변경이 거의 불가능한 유지불능의 제품을 만들지 않으려면 어떻게 해야 하는지 배워 보자.

자 그럼, '리팩터링'에 대해 알아볼까?

13장

리팩터링: 기술적 부채 갚기

마치 집을 살 때 모기지론을 지게 되는 것처럼, 소프트웨어도 개발하면서 계속 갚아나가야 할 부채가 있다.

이번 장에서는 리팩터링이 무엇인지, 기술적 부채를 정기적으로 갚아나감과 동시에 소프트웨어를 어떻게 일하기에도 살기에도 좋은 집처럼 빠르고 유연하게 만들 수 있을지 알아볼 것이다.

이번 장을 마칠 때쯤, 여러분은 리팩터링이 어떻게 여러분의 유지비를 낮춰주고, 코드를 향상시켜 주는 공통된 어휘를 갖게 해 주는지, 또한 어떻게 새로운 기능을 빨리 추가할 수 있게 해주는지 알게 될 것이다.

자, 그럼 리팩터링의 세계로 들어가 볼까?

13.1 방향 바꾸기

알고 보니 경쟁사가 여러분이 만든 온라인 블랙잭 제품의 어린이 버전을 얼마 전에 출시했는데, 요즘 불티나게 팔린다고 한다.

새로운 경쟁자의 위협에 대항할 제품을 만들기 위해, 여러분과 팀원들은 즉시 작업을 하기 시작했고 모든 일이 술술 잘 풀려나가는 것처럼 보였다. 그런데 점점 이상한 일이 생기기 시작했다. 처음에 굉장히 쉬워 보였던 일들이 무척 어렵게 느껴지기 시작했다.

한 예로, 코드의 많은 부분이 코드 베이스로부터 복사되어 재사용되었는데, 그래서인지 새 기능을 추가하는 작업이 매우 어려웠다. 한 부분의 코드를 바꾸면 다른 코드도 모두 바꿔야 했던 것이다.

게다가, 출시일을 맞추려고 급하게 썼던 코드가 이제 와서 말썽이다. 너무 복잡해서 재사용하기가 쉽지 않다. 게다가 더 심각한 것은, 그 코드를 작성했던 개발자가 더 이상 우리 팀에 없다는 거다.

다음은 이렇게 문제가 되고 있는 코드의 샘플이다.

```
Download Refactoring/src/BlackJack.cs
```

```
public bool DealerWins(Hand hand1)
{
   var h1 = hand1; int sum1 =0;
   foreach (var c in h1)
   {
      sum1 += Value(c.Value, h1);
   }
   var h2 = DealerManager.Hand; int sum2 =0;
   foreach (var c in h2)
   {
      sum2 += Value(c.Value, h2);
   }
   if (sum2>=sum1)
   {
      return true;
   }
   else
      return false;
      return false;
}
```

이 코드가 잘 이해가 되지 않는다 해도 괜찮다(실은 나도 이해 못하겠으니까). 하지만 이제 여러분은 이 코드를 탈바꿈시켜야만 한다. 바로 이 코드를 계속 사용해서 소프트웨어를 출시해야 하니 말이다.

이런 코드 베이스를 가지고 일하면서 코드를 바꿔나가는 작업은 여러분이 본래 예상했던 것보다 훨씬 느리고 비용도 많이 든다.

일을 제대로 하려면 새로운 기능을 추가하기 전에 이미 있는 코드를 최소한 2주 동안은 정리해야 한다는 것을 당신은 금세 파악할 수 있었다. 하지만 불행히도 프로젝트 관리자는 그런 작업을 2주 동안이나 하는 것을 허락할 수 없다고 한다.

어디서부터 잘못된 것일까? 어쩜 그렇게 예쁘고, 단순해서 작업하기 쉬웠던 코드가 이처럼 복잡하고 거대해서 감히 손대기 힘들 정도로 변한 것일까?

그럼 지금부터 기술적 부채^{technical debt}라는 개념에 대해 살펴보자.

13.2 기술적 부채

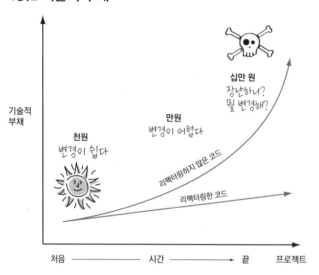

기술적 부채란 임기응변, 난도질, 복사해 붙이기 같이 우리가 생산성과 일정이라는 미명 아래에 코드 베이스에 저질러 놓은 죄악들이 오랫동안 누적된 결과다.

이런 부채는 여러분의 코드에 항상 존재하겠지만(하나도 없다면 그건 여러분이 뭔가 혁신적이거나 다른 방식을 시도하지 않았다는 뜻이다), 너무 자주 저지르면 재미있고 쉽고 단순했던 것들이 머리 아프도록 어렵고 복잡하게 변해버릴 것이다.

기술적 채무에는 다양한 형태(스파게티 코드, 과도하게 복잡한 논리, 중복, 전반적으로 느껴지는 조잡함)가 있지만, 이런 문제들은 한 번에 알아채지 못하게 슬그머니 찾아든다는 사실이 가장 위험하다. 초기 코드에 만들어진 각각의 위반 사항들은 작고 그리 중요하지 않아 보인다. 하지만 대부분의 부채가 그렇듯이, 시간이 가면서 누적된 효과는 결국 큰 골칫거리가 되고 만다.

그래서 이런 기술적 부채를 체계적으로 갚아나가는 방법이 필요하다. 오늘의 목표를 성취하면서도 예상치 못하게 다가올 시험에 대비할 수 있도록 소프트웨어의 완성도integrity와 설계를 점점 향상시키고 유지시켜 나갈 방법이 필요하다.

이 방법을 애자일에서는 '리팩터링'이라고 한다.

13.3 리팩터링으로 부채 갚아나가기

리팩터링refactoring이란 겉으로 보이는 결과에는 변화를 주지 않으면서, 조금씩 점진적으로 설계를 향상시키는 실천법이다.

코드를 리팩터링할 때는 새로운 기능을 추가하거나 심지어 버그를 고치지도 않는다. 그 대신 코드를 더 잘 파악하고 변화를 받아들일 수 있도록 만들어, 코드의 이해력을 향상시키는 데 주력한다.

이런 목적으로 코드를 바꾸는 것을 바로 '리팩터링'이라고 한다.

예를 들어, 여러분이 서툴게 지은 메서드나 변수의 이름을 더 읽기 쉽고 이해할 수 있도록 바꾸는 작업을 한다면, 바로 리팩터링을 하고 있는 것이다.

리팩터링

```
decimal sal; ──► decimal salary; [변수 이름 바꾸기]


public decimal Calc() ──► public decimal CalculateTotalTaxes() [메서드 이름 바꾸기]
```

언뜻 보면 이런 리팩터링 작업이 단순하고 중요하지 않게 보일 수도 있다. 하지만 코드 베이스에 이런 작업을 꾸준히, 적극적으로 할 때, 리팩터링이 코드의 품질과 유지 보수성에 미치는 영향은 절대적이다.

다음에 제시한 코드를 살펴보고, 어느 게 읽고 이해하기 어려운지 스스로에게 물어보자.

```
if (Date.Before(SUMMER_START) || Date.After(SUMMER_END))
    charge = quantity * _winterRate + _winterServiceCharge;
else
    charge = quantity * _summerRate;
```

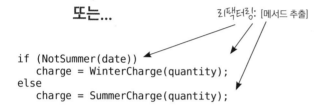

또는...   리팩터링: [메서드 추출]

```
if (NotSummer(date))
    charge = WinterCharge(quantity);
else
    charge = SummerCharge(quantity);
```

꼭 개발자나 C#을 아는 사람이 아니더라도, 두 번째 예제가 첫 번째보다 더 읽고 이해하기 쉽다는 걸 금세 알 수 있다. 코드를 쓰는 것은 마치 훌륭한 산문을 작성하는 것과 비슷하다. 분명하고 쉽게 이해할 수 있으면서도 의도하는 바가 무엇인지 파악하는데 많은 노력이 필요해서는 안 된다.

리팩터링은 객체 지향 프로그래머들이 바로 그런 목적을 달성하기 위해 사용하는 비밀병기이다. 잘 지어진 메서드와 변수를 선택하고, 코드를 읽는 사람에게 불필요한 상세 사항은 숨기면서, 코드를 이해하기 쉽고 변경하기도 용이하게 만들어 그 코드가 실행하고자 하는 바가 무엇인지 확실하게 의사소통할 수 있도록 하는 것이다.

애자일 원칙

탁월한 기술력과 훌륭한 설계에 끊임없이 주목하는 것이 기민함을 향상시킨다.

결국 여기서 요점은 리팩터링이 여러분이나 나와 같은 '사람'들이 소프트웨어를 쓰고 유지한다는 사실을 우리 자신에게 상기시켜주는 작업이라는 것이다. 만약 코

드를 쉽게 변경하지 못하거나 작업하는 게 즐겁지 않다면, 소프트웨어에 무엇인가를 변경하거나 새로운 기능을 추가할 일이 생길 때마다 일하는 것이 즐겁지 않을 테니 말이다.

열심히, 그리고 꾸준히 리팩터링하라

여러분이 보다 적극적으로 리팩터링을 한다면, 프로젝트가 막바지에 이르렀을 때 개발 속도가 느려지지 않고 오히려 빨라질 것이다. 그동안 좋은 설계를 꾸준히 유지해왔기 때문에, 어려운 작업들은 이미 다 해결되었으니 말이다. 새로운 기능은 이렇게 훌륭히 설계된 코드를 기반으로 개발되어, 여러분은 이토록 작업이 순조롭게 진행되도록 일한 대가를 받게 될 것이다.

여기서 적극적으로 리팩터링을 한다는 것은 이터레이션이 끝나기 전에 한 번에 몰아서 하도록 미루지 않고 매일매일 지속적으로 리팩터링을 한다는 뜻이다.

리팩터링을 제대로 하고 있다면 아마 눈에 잘 띄지 않을 것이다. 리팩터링의 단계는 매우 작고, 개선되는 부분 또한 매우 미세하기 때문에 코드를 리팩터링 하는 작업과 새 기능을 추가하는 작업 사이의 차이를 거의 구별할 수 없다.

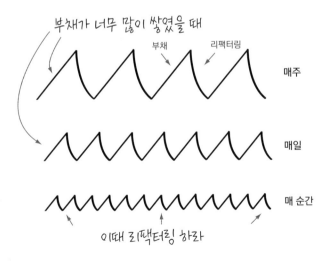

이론은 이제 충분하다. 이제 한번 직접 해볼까?

직접 시도해보기

이번 장을 시작할 때 살펴보았던 블랙잭 게임을 '어린이 용'으로 만들려면 무엇이 개선되어야 할까?

```
public bool DealerWins(Hand hand1)
{
    var h1 = hand1; int sum1 =0;          이름을 다시 지어야 할 변수가 있는가?
    foreach (var c in h1)
    {
        sum1 += Value(c.Value, h1);
    }
    var h2 = DealerManager.Hand; int sum2 =0;    중복되는 기능이 있는가?
    foreach (var c in h2)
    {
        sum2 += Value(c.Value, h2);
    }
    if (sum2>=sum1)
    {
        return true;
    }                        필요 없는 논리나 코드가 있는가?
    else
        return false;

    return false;
}
```

리팩터링을 시작하기 좋은 곳은 변수나 메서드의 이름이 적절한지 확인하는 일이다. 그럼, 우리도 그 작업부터 해볼까?

```
public bool DealerWins(Hand playerHand) {

    int playerHandValue = 0;              리팩터링: [변수 이름 교체]

    foreach (var card in playerHand)      리팩터링: [메서드 이름 교체]
    {
        playerHandValue += DetermineCardValue(card, playerHand);
    }

    var dealerHand = DealerManager.Hand;
    int dealerHandValue= 0;

    foreach (var card in playerHand)
    {
        dealerHandValue += DetermineCardValue(card, dealerHand);
    }

    return dealerHandValue >= playerHandValue;

}                        리팩터링: [코드 단순화]
```

아, 이제 조금은 더 나아 보이는군. 더 읽기 쉬워진 것 같다. 하지만 아직 리팩터링이 끝난 게 아니다. 코드가 중복되는 부분이 보인다. 그럼 비슷해 보이는 논리를 빼내어 새로 메서드^{method}를 만들어 보면 어떨까?

```
public bool DealerWins(Hand playerHand)
{
  int playerHandValue = GetHandValue(playerHand);
  int dealerHandValue = GetHandValue(DealerManager.Hand);

  return dealerHandValue >= playerHandValue;          리팩터링: [메서드 추출]
}
      private int GetHandValue(Hand hand)
      {
        int handValue = 0;

        foreach (var card in hand)
        {
            handValue += DetermineCardValue(card, hand);
        }
        return handValue;
      }

}
```

우와! 이것 좀 보라. GetPlayerHandValue 메서드를 따로 빼내어 보니, Dealer Wins 메서드가 세 줄로 확연히 줄어들었다. 이제 이 메서드가 무엇을 하려는지 쉽게 읽고, 이해할 수 있다. 만약 playerHand가 어떻게 계산되는지 더 자세히 알고 싶다면, 언제든지 GetPlayerHandValue 메서드를 들여다보면 된다.

이 코드는 무척 깔끔하다. 이것도 충분하지 않다면, 다음과 같이 할 수도 있다:

리팩터링: [변수 직접 사용^{inline variable}]
```
public bool DealerWins(Hand playerHand)
{
   return GetHandValue(DealerManager.Hand) >= GetHandValue(playerHand);
}
```

다음과 같이 간단한 세 번의 리팩터링으로 여러분은 코드를 더 읽고 유지하기 쉽게 향상시킬 수 있을 것이다.

- 변수/메서드 이름 교체
- 변수 직접 사용하기^{inline variable}
- 메서드 추출하기

혹시 이 책을 읽고 있는 관리자가 있다면, 이런 리팩터링의 중요성을 이해해야한다. 리팩터링은 여러분의 팀이 급하게 버그를 고치거나 소프트웨어에 어떤 변화를 주어야 할 때, 이전보다 신속하고 값싸게 이를 수행할 수 있게 해 줄 것이다.

코드가 수행하려고 하는 바가 무엇인지 이해하려고 수많은 시간을 소비하는 대신, 개발자들이 바로 작업을 시작해서 바꾸고자 했던 부분을 쉽게 변경할 수 있으니 말이다.

그러니 관리자들은 개발자들이 보다 적극적으로 리팩터링을 하고 끊임없이 기술적인 부채를 갚아나가도록 격려하는 든든한 지원자가 되어야 한다.

아주 좋은 질문이다. 단순히 몇몇 변수의 이름을 바꾸는 것보다 더 많은 것을 바꿔야 할 경우가 종종 있다. 라이브러리나 프레임워크를 대체해야 할 수도 있고, 새로 사용하는 도구를 통합시켜야 할지도 모른다. 혹은 마케팅의 과대광고를 곧이곧대로 믿었던 탓에, 현재 우리 시스템이 의존하고 있는 중요한 도구를 바꿔야 할지도 모르는 일이다.

그 이유가 무엇이든, 이처럼 리팩터링을 크게 해야 하는 경우는 이따금 생기기마련이라 대처해야만 한다.

만약 팀 외부에서 강요받아 어쩔 수 없이 해야만 하는 변경 작업이라면, 이런 종류의 리팩터링은 다른 사용자 스토리와 같이 취급하자. 추정치와 우선순위를 부여하고, 비용이 얼마나 드는지 모두가 볼 수 있도록 해서 프로젝트에 어떤 영향을 미치는지 알려주어라.

한 번은 우리 팀이 에너지 트레이딩 애플리케이션을 개발하는 동안 큰 규모의 리팩터링을 여러 번 하느라 몇 주 동안이나 새로운 기능을 추가하지 못한 적이 있다.

관리자들이 리팩터링을 경멸하는 말을 하는 데는 그리 오랜 시간이 걸리지 않았다(새로운 기능은 추가하지 못하면서 작업을 다시 한다는 의미로 들리기 때문이다). 그리고 곧 더 이상 리팩터링을 하지 말라는 포고가 내려졌다.

여러분에게는 이런 일이 생기지 않길 바란다. 리팩터링은 개발을 진행하면서 지속적으로 해야 한다. 기술적인 부채는 쌓아 둘수록 해결하기 어려워 비용을 낮추기 어렵고, 리팩터링이 '결과도 없이 시간만 잡아먹는 재작업'이라는 지저분한 말을 듣게 될 테니 말이다.

새로운 기업의
보안 모델로 이전하기

10점

큰 규모의 리팩터링

이보다 더 까다로운 경우는 리팩터링 없이도 프로젝트를 힘겹게나마 계속할 수 있는데, 지금 리팩터링을 해서 돌아오는 보상이 그보다 못한 경우다.

만약 리팩터링을 크게 해야 할 때 이렇게 애매한 상황이라면, 이를 진행할지 결정하기 전에 다음과 같은 두 가지 질문을 해보자.

- 프로젝트가 거의 끝났는가?
- 이 리팩터링을 점차적으로 늘려가면서 진행할 수 있는가?

거의 끝나가는 프로젝트에서 큰 리팩터링을 하는 것은 별 의미가 없다. 열심히 일한 보상을 받을 시간이 없기 때문이다. 그러니 이런 경우라면 리팩터링을 하지 않는 것도 좋은 생각이다.

점차적으로 리팩터링을 하는 작업은 고객의 동의를 얻기가 쉽다. 리팩터링을 한다고 한동안 여러분의 그림자도 찾아보지 못하는 일은 없을 테니 말이다. 여러분이 리팩터링을 하는 동안에도 고객은 소프트웨어에 계속 새로운 기능이 추가되는 것을 볼 수 있으니까.

더 깊이 배우고 싶다면 어떡하죠?

여지껏 우리는 리팩터링이라는 아주 중요한 개념을 빙산의 일각만큼 배웠다고 할 수 있다. 이렇게 짧은 글로는 리팩터링 개념의 진면목을 충분히 소개하기 어렵다.

리팩터링에 대해 더 알고 싶다면, 마틴 파울러의 『Refactoring: Improving the Design of Existing Code』[1] 라는 책을 추천한다.

하나 더 추천한다면 마이클 페더스의 저서 『Working Effectively with Legacy Code』도 있다.

**마스터 선생과
열정적인 전사**

제자: 스승님, 제 코드를 리팩터링하지 말아야 하는 경우가 있긴 하나요?

스승: 이미 논의했던 내용이지만 거대한 스케일의 리팩터링을 하게 되도록 리팩터링 작업을 게을리 해서는 안될 일이다. 소프트웨어의 코드를 변경할 때마다 리팩터링을 하도록 해야 해.

제자: 만약 제가 이터레이션 동안 리팩터링 이외에는 아무것도 하지 않는다면, 그건 잘못된 걸까요?

스승: 그런 건 아니지만, 그리 이상적인 경우 또한 아니다. 리팩터링을 작은 단위로 자주 해서 한 번에 큰 규모의 리팩터링을 할 필요가 없도록 노력하거라. 물론 항상 그렇게 못할 수도 있고 심지어 어떤 때는 이런 대규모 리팩터링이 불가피할 수도 있다. 하지만 그런 경우는 정말 꼭 필요할 때 해야만 하는 최후의 선택이라고 생각하고, 정기적으로 그런 상황에 부딪히지 않도록 해야 한다.

---

1 옮긴이 번역서로 『리팩토링: 나쁜 디자인의 코드를 좋은 디자인으로 바꾸는 방법』(대청, 2002)이 있다. 리팩터링은 수련이 필요한 기술이다. 수련에 도움이 되는 책으로 『리팩터링 워크북』(인사이트, 2006)이 있다.

다음 단계는?

단위 테스트와 리팩터링, 이 둘은 소프트웨어의 설계가 빈약해 생기는 고민을 깨끗하게 해결하는 무기다.

하지만 이밖에도 여러분이 알아두어야 할 실천법이 더 있다. 소프트웨어의 디자인을 향상시킬 뿐만 아니라 도대체 얼마나 테스트해야 하는지 파악할 수 있도록 해주는 실천법 말이다.

자, 그럼 테스트 주도 개발이란 무엇인지 알아보고, 이렇게 테스트를 먼저 작성하는 기법이 코드가 하나도 없는 백지상태에서 우리가 어디서부터 시작할지 어떻게 도와주는지 알아보자.

14장

테스트 주도 개발

꼼짝달싹 할 수가 없고 쩔쩔 매고 있다. 하루 종일 코드의 한 부분을 뚫어져라 째려보고 있지만, 도대체 어떻게 풀어가야 할지, 심지어 어디서 시작해야 할지도 모르겠다.

그저 에릭처럼 코딩을 잘 했으면 좋겠다는 생각뿐이다.

그의 코드는 뭔가 특별하다. 언제나 잘 작동하는 것처럼 보이니 말이야. 에릭의 코드를 사용할 때면, 마치 그가 나의 마음을 읽을 수 있다는 생각이 든다. 완전히 자동화된 단위 테스트를 포함해서 필요로 하는 모든 것이 코드 안에 있었다.

도대체 에릭은 어떻게 이렇게 한 걸까? 그는 하는데, 당신은 하지 않는 게 도대체 무엇일까?

좌절감이 커지면서 도움이 필요하다는 걸 깨닫게 된 당신은 용기를 내어 에릭에게 다가갔다. "어떻게 이렇게 깔끔하고 좋은 코드를 쓸 수 있는 겁니까?"

"아주 쉬워요." 그가 대답한다. "전 테스트를 먼저 쓰거든요."

14.1 테스트를 먼저 쓰라

테스트 주도 개발Test-Driven Development, TDD은 매우 짧은 개발 주기를 사용하면서 소프트웨어의 설계를 점진적으로 향상시키는 소프트웨어 개발 기법이다.

테스트 주도 개발의 작동원리는 다음과 같다.

1. **적색**: 시스템을 만들려고 새로운 코드를 쓰기 전에, 먼저 새로운 코드로 성취하고자 하는 바가 무엇인지를 보여주는 '실패하는 단위 테스트'를 쓴다. 바로 이때 개발자들은 설계에 대해 신중하게 생각하게 된다.
2. **녹색**: 그럼 이제 테스트를 통과시키기 위해 무엇이든 해야 할 차례다. 만약 시스템이 어떻게 실행되는지 충분히 이해하고 있다면, 새 코드를 추가하고, 그렇지 않다면 테스트를 통과시킬 만큼만 하자.
3. **리팩터링**: 그런 다음 테스트를 통과시키려고 커밋commit했던 코드를 다시 검토하면서 깔끔하게 정리해보자. 중복되는 부분을 없애고, 코드 한 줄 한 줄이 간결하고 의미있도록, 그리고 가능한 한 깔끔하도록 말이다.

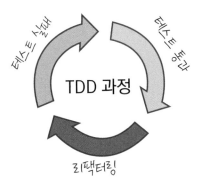

언제 그만해야 하는지 어떻게 아느냐는 질문에, 에릭은 코드가 사용자 스토리의 요구사항을 모두 만족시킨다는(이는 보통 스토리 요구사항이 모두 통과한다는 뜻이다) 확신이 들 때까지 테스트를 쓰고, 이 테스트를 통과시키려는 코드를 작성하고, 리팩터링을 하는 과정을 반복한다고 했다.

또한 그는 자신만의 규칙이 몇 가지 있다고 했다.

규칙 1: 실패하는 테스트를 먼저 작성할 때까지 어떤 코드도 새로 쓰지 않는다.

에릭은 자신도 이런 규칙을 언제나 100% 지킬 수는 없다고 고백했다(예를 들면, 사용자 인터페이스처럼 먼저 테스트를 하기 힘든 것도 있기 마련이기 때문이다). 하지만 정말 필요한 경우가 아니라면 이런 테스트를 작성하기 전엔 어떤 코드도 쓰지 않는다는 기본 정신이 중요하다고 설명했다. 테스트를 먼저 씀으로써 우리가 어떤 가치를 추가하려고 하는지 생각하고, 필요 이상으로 복잡한 해결책을 찾지 않도록 막아준다고 말이다.

규칙 2: 문제가 생길 '가능성'이 있는 것이라면 무엇이든 반드시 테스트한다.

이 규칙은 말 그대로 모든 것을 다 테스트한다는 뜻이 아니다. 그러려면 아마 평생 해도 시간이 모자를 테니. 여기서 주목할 것은 바로 '가능성'이라는 말이다. 만약 무언가 잘못될 확률이 조금이라도 있거나 특별한 상황에 이 프로그램이 어떻게 작동하는지 확인하고 싶다면, 그에 대한 테스트를 쓰라는 뜻이다.

에릭은 자신이 지금 작업하고 있는 스토리를 예로 보여주었다.

"아시다시피, 라스베가스에는 도박에 큰돈을 거는 사람들이 있잖아요." 에릭이 말했다. "우리 데이터 웨어하우스에서 일하는 분들이 정말 원하는 건 바로 이런 거물들을 프로파일하는 거죠. 그 사람들이 무엇을 좋아하는지 싫어하는지, 좋아하는 음식이나 음료는 뭔지 등을 알아내서 어떻게든 우리 카지노에 다시 돌아오게 말이에요."

"이미 우리 시스템에는 고객의 프로파일 객체profile object가 있어요. 제가 해야 하는 일이 바로 이런 프로파일 정보를 어떻게 데이터베이스에 저장할지 알아내는 거죠."

에릭이 처음으로 하기 시작한 작업은 바로 테스트를 쓰는 일이었다. 이때 에릭은 이미 테스트할 때 필요한 코드가 있다고 가정하고, 그 코드가 정말 생각대로 작동되는지 증명하기 위한 테스트를 써내려 갔다.

```csharp
[Test]
public void Create_Customer_Profile()
{
    // 환경 설정
    var manager = new CustomerProfileManager();

    // 새로운 고객의 프로파일 만들기
    var profile = new CustomerProfile("Scotty McLaren","Hagis" );

    // 새 고객의 정보가 데이터베이스에 없다는 것 확인하기
    Assert.IsFalse(manager.Exists(profile.Id));

    // 추가하기
    int uniqueId = manager.Add(profile); // 데이터베이스에서 id 가져오기
    profile.Id = uniqueId;

    // id가 추가됐는지 확인하기
    Assert.IsTrue(manager.Exists(uniqueId));

    // 깔끔하게 정리하기
    manager.Remove(uniqueId);
}
```

에릭은 새로운 고객의 프로파일이 잘 추가되었는지 테스트가 말해 줄 수 있다는 확신이 생긴 후에야, 테스트를 통과시키는 작업을 하기 시작한다.

무엇을 바로 해야 하는지 분명히 파악하고(고객 프로파일 정보를 데이터베이스에 저장하는 일), 그 기능을 새로이 추가하는 작업을 하는 것이다.

```csharp
public class CustomerProfileManager
{

    public int Add(CustomerProfile profile)
    {
        // 이 코드가 프로파일을 데이터베이스에 저장했다고 가정하고,
        // 진짜 id 반환하기
    return 0;
    }

    public bool Exists(int id)
    {
        // 고객 정보가 존재하는지 확인하는 코드
    }

public void Remove(int id)
    {
        // 고객 정보를 데이터베이스에서 제거하는 코드
    }
    }
}
```

이제 테스트를 실행해서 통과하는 걸 직접 확인한다. 야호!

리팩터링은 TDD 과정의 마지막 단계다. 에릭은 이제껏 해온 작업들을 다시 검토하면서(테스트 코드^{test code}, 출시된 코드^{production code}, 환경설정^{configuration} 파일, 이밖에 테스트를 통과시키려고 그가 손댔던 모든 것을 말이다), 열심히 리팩터링을 하기 시작했다(13장 「리팩터링: 기술적인 부채 갚기」 198쪽).

리팩터링이 끝난 후에, 그는 혹시 문제가 생길 만한 것을 다 테스트해봤는지 스스로에게 물었다. 생각해보니 이 스토리에 중복되는 코드가 없는지 검증해봐야 할 것 같았다.

그래서 에릭은 같은 과정을 반복하기 시작했다. 실패하는 테스트 코드를 쓰고, 이 테스트를 통과시킬 코드를 쓰고, 리팩터링을 하는 과정을 말이다.

가끔은 닭이 먼저냐 달걀이 먼저냐와 같은 문제가 생길 때도 있다(예를 들면, 새로운 정보를 삽입할 수 있는지 확인하려면 먼저 고객이 존재하는지 알려주는 코드가 필요한 것처럼 말이다).

이런 경우에는 테스트를 잠시 중단하고 새 기능을 추가한다(물론 이 기능에 대한 테스트를 먼저 써야겠지?). 이렇게 한 다음, 원래 하고 있던 테스트를 다시 이어가는 식으로 말이다.

에릭에게 TDD를 데모해 주어서 고맙다고 말한 다음, 당신은 테스트, 리팩터링, 코드에 대한 생각으로 머릿속을 가득 채운 채 자리에 돌아왔다.

방금 무슨 일이 생긴 거야?

잠시 숨을 고르면서 방금 우리가 무엇을 배웠는지, 왜 이런 과정들이 중요하다는 건지 알아보자.

TDD에서는 테스트를 먼저 쓴 다음, 이를 통과시키려고 한다. 뭔가 반대로 된 것 같다. 이건 분명 우리가 학교에서 배운 내용과 너무나 다르지 않은가?

하지만 잠깐 다시 생각해보자. 소프트웨어를 설계할 때, 이미 그 소프트웨어가 있다고 상상하는 것보다 나은 방법이 있을까?

바로 이것이 우리가 TDD에서 하고자 하는 것이다. 개발자가 이미 코드가 있다고 생각하면서 필요한 코드를 쓰고, 그 후에 이 코드가 과연 잘 작동하는지 확인하는 방법 말이다. 이 방법은 반드시 필요한 것만 개발하고 동시에 잘 작동하는지 테스트해서 확인할 수 있도록 하는 아주 훌륭한 방법이다.

여러분의 팀이 TDD를 재빨리 받아들이지 않는다고 당황할 필요는 없다. 이는 단위 테스트나 리팩터링보다 한 차원 높은 코딩 기법이니까. 그리고 분명히 해두건대, 가끔은 TDD를 할 수 없는 경우가 생겨 어떻게 해야 할지 고민해야 할 경우도 있을 것이다.

하지만 이런 기본만 숙지하고 있다면, 이렇게 작은 테스트를 쓰고, 이 테스트를 통과하는 코드를 작성한 다음, 리팩터링을 하는 과정이 주는 리듬과 힘을 경험하게 될 것이다. 그리고 여러분은 이런 과정을 통해 만들어진 코드의 모습과 테스트되는 방식을 좋아하게 될 것이다.

14.2 복잡한 논리를 다룰 때는 테스트를 사용하라

개발자는 코딩할 때 복잡성complexity에 자주 부딪친다. 에릭이 '고객 프로파일 만들기' 애플리케이션 프로그래밍 인터페이스API를 만드는 데 얼마나 많은 선택을 했는지 살펴보자.

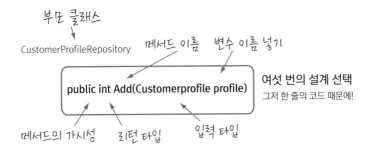

한 번 세어보자. 단 한 줄의 코드를 위해 개발자는 여섯 번의 설계 선택, 트레이드오프, 그밖에 여러 가지 요건을 생각해야만 한다. 시간이 감에 따라 빈틈이 생기는 것은 어쩌면 당연한지도 모른다.

새로운 코드를 추가하기 전에 실패하는 테스트를 반드시 작성하자. TDD는 여러분의 팀이 매일 코딩하면서 부딪히는 복잡성에 잘 대응할 수 있게 해줄 것이다.

TDD는 또한 자신의 설계에 자신을 갖게 해준다. 하나의 테스트에 집중해 이를 통과시키려다보면, 한 번에 수많은 것을 머릿속으로 걱정하지 않아도 되기 때문이다.

이렇게 작은 문제에 초점을 맞추고, 그 문제를 가장 잘 해결할 방법을 조금씩 알아가면서, 여러분은 자신이 올바른 방향으로 문제를 해결하고 있는지 즉시 피드백도 받을 수 있다.

테스트를 먼저 하는 데는 다음과 같은 이유도 있다.

코드에 대한 집단적 소유의식으로
한층 덜어진 개인의 부담감

한결 단순한
설계

짧은 코드

줄어든
복잡성

설계를 더
고민하게 하는
원동력!

개발 초기부터
보증된 품질

위와 같은 요소들은 코드 베이스를 좀 더 유지하고 변경하기 쉽게 해준다. 코드가 짧아지니 덜 복잡해지고, 설계가 단순하니 변화를 주거나 유지보수 하기가 훨씬 쉬워지니 말이다.

이제 충분히 이야기 한 것 같다. 그럼 직접 해볼까?

직접 시도해보기

두 장의 카드를 비교하는 코딩 작업을 같이 하자고 에릭이 제안해왔다. 그는 이 기능이 Card 클래스 내에 존재해야 한다고 생각하는데, 당신이 이에 관한 테스트를 만드는 작업을 도와주었으면 한다.

두 카드를 비교하고 둘 중 어느 값이 더 큰지 알려주는 메서드를 Card 클래스 안에 만들어 적절한 이름을 붙여주자.

테스트 실패

TDD 과정

```
public void Compare_value_of_two_cards() {
    Card twoOfClubs = Card.TWO_OF_CLUBS;
    Card threeOfDiamonds = Card.THREE_OF_DIAMONDS;



}
```

여기에
테스트를 쓰자

코드가 이미 있다고 상상하고 테스트를 적어보자

설계가 다음과 같다고 가정해 보자.

```
[Test]
public void Compare_value_of_two_cards()
{
    Card twoOfClubs = Card.TWO_OF_CLUBS;
    Card threeOfDiamonds = Card.THREE_OF_DIAMONDS;

    Assert.IsTrue(twoOfClubs.IsLessThan(threeOfDiamonds));
}
```

에릭이 키보드를 당신에게 건네주며 이 테스트를 통과시킬 수 있느냐고 물어온다. 당신은 다음과 같은 코드를 작성했다.

```
public bool IsLessThan(Card newCard)
{
    int thisCardValue = value;
    int newCardValue = newCard.value;
    return thisCardValue < newCardValue;
}
```

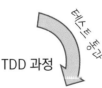

TDD 과정

테스트 통과

테스트를 성공적으로 통과시키고 나니, 에릭은 리팩터링하고 싶은 것이 있는지 묻는다. 물론이지. 테스트와 메서드를 조금 수정하고 나니, 이제 코드가 다음과 같은 모습이다.

```
[Test]
public void Compare_value_of_two_card()
{
    Assert.IsTrue(Card.TWO_OF_CLUBS.IsLessThan(Card.THREE_OF_DIAMONDS));
}
```

```
public bool IsLessThan(Card newCard)
{
    return value < newCard.value;
}
```

TDD 과정

리팩터링

TDD 주기를 한 번 다 실행하고 나니, 에릭이 웃으면서 말한다. "이제 다 잘 이해하신 것 같아요!" 이젠 당신의 코드에도 이 방법을 적용하고 싶다는 생각이 문득 들었다. 에릭에게 고맙다는 인사를 하고 테스트를 작성하기 위해 재빨리 당신의 자리로 발걸음을 재촉한다.

어디서 더 배울 수 있죠?

TDD의 정신을 제대로 이해하고 싶다면 켄트 벡의 저서 『Test Driven Development: By Example』[1]을 읽어보기 바란다. 이 책에서는 TDD의 원리를 더욱 심도 있게 다루고, 이 원리를 어떻게 자신에게 맞게 적용하는지에 대한 도움말과 정보를 자세히 다루고 있다.

마스터 선생과 열정적인 전사

제자: 스승님, 전 아직도 TDD가 잘 이해되지 않습니다. 어떻게 있지도 않은 코드에 관한 테스트를 만든다는 거죠?

---

[1] 옮긴이 번역서로 『테스트 주도 개발』(인사이트, 2004)이 있다.

스승: 네게 필요한 코드가 이미 존재한다고 생각하고 테스트를 써 보거라.

제자: 하지만 무엇을 테스트 할지 어떻게 안다는 말씀이시죠?

스승: 이미 코드가 존재한다면, 무엇을 테스트 하겠느냐. 그렇게 그 코드에 필요한 것을 테스트 한다는 생각으로 접근해 보거라.

제자: 제가 필요한 걸 테스트하면 시스템에 필요한 것들이 마술처럼 생겨난다는 말씀이신가요?

스승: 그렇단다.

제자: 어떻게 그런 마술이 일어날 수 있다는 말씀인지 좀 더 자세히 설명해 주세요.

스승: 마술이란 건 없다. 단지 네가 개발해야 할 일들을 테스트의 형태로 일목요연하게 나열하는 것뿐이다. 코드를 이런 식으로 생산하면 오직 네게 필요한 것만 작성할 수 있거든. 테스트를 그저 네 의도가 무엇인지 깨닫게 해주는 통로로 이용하는 거지. 이게 바로 TDD가 테스트라기보다는 설계 기법이라 불리는 이유다.

제자: 그럼, TDD는 테스트보다 설계에 더 관련이 있다는 말씀이시네요?

스승: 그건 지나치게 단순한 설명인 것 같구나. 테스트는 TDD의 핵심이다. 우리가 생산한 코드가 과연 의도하는 대로 작동하는지 확인할 때 테스트가 사용되기 때문이다. 하지만 먼저 설계를 하고, 이 코드로 성취하고자 하는 바가 무엇인지 보여주지 않고는 테스트를 완성할 수 없단다.

제자: 감사합니다 스승님. 조금 더 생각해 보겠습니다.

다음 단계는?

이런 실천법들이 여러분의 내공으로 쌓여가는 게 느껴지는가? 단위 테스트는 우리가 개발한 것이 의도한 대로 잘 작동한다는 자신감을 심어준다. 리팩터링은 코드를 단순화 해주며, TDD는 코드가 복잡해지지 않도록 도와주면서 멋진 설계를 하도록 해주는 매우 강력한 도구다.

이제 남은 것은 이 모든 실천법을 좀 더 끈끈이 모아줄 수 있는 실천법이다. 이 실천법은 여러분의 프로젝트가 언제든 출시될 수 있도록 준비시켜 줄 것이다.

이제 지속적인 통합continuous integration의 힘에 대해 알아보러 떠나보자!

15장

지속적인 통합: 출시 준비

자, 그럼 출시 준비를 해볼까? 어떻게 소프트웨어를 지속적으로 통합하는 방법을 배우고 나면, 버그를 조기에 해결하고 소프트웨어를 변경할 때 드는 비용을 줄일 수 있을 뿐 아니라 확신을 가지고 배치할 수 있을 것이다.

말하고 보니, 지금 여러분에게 필요한 것이 바로 이런 것이 아닌가?

15.1 쇼 타임

먼저 좋은 소식이 있다. 회사 임원 중 한 분이 아주 영향력 있는 투자자를 모시고 여러분이 작업 중인 블랙잭 제품의 최신 버전을 보고 싶다고 연락해 오셨다. 나쁜 소식은 지금부터 한 시간 안에 방문한다는 것이다!

안전한 빌드를 만들어 테스트 서버에 올려 데모를 준비해야 하는데, 시간이 60분도 채 남지 않았다.

이 상황을 도대체 어떻게 한다?

이 질문에 대답하기 전에, 단 2분 동안만이라도 소프트웨어를 배치할 때 문제가 생길 가능성이 있는 부분이 무엇인지 생각해보자.

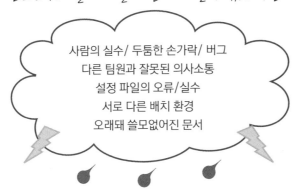

소프트웨어를 배치할 때 문제가 될 수 있는 부분

사람의 실수/ 두툼한 손가락/ 버그
다른 팀원과 잘못된 의사소통
설정 파일의 오류/실수
서로 다른 배치 환경
오래돼 쓸모없어진 문서

이와 같은 것들이 우리가 지속적인 통합을 통해 제거하거나, 최소한 관리하려는 부분이다. 언제든 출시할 수 있는 개발 문화를 만들어서 언제 어디에서 누구에게든 제품을 데모할 수 있도록 말이다.

그럼, 이를 위해 우리가 할 수 있는 두 가지 방법에 대해 알아보자.

시나리오 1: 요란한 출시 준비

한 시간! 충분한 시간이 아니다. 조급한 마음에 즉시 팀원을 불러 모아, 총 쏘듯 질문을 퍼붓기 시작했다.

• 누가 가장 최신 빌드를 가지고 있는가?
• 누구의 데스크톱이 가장 안정적인가?
• 누가 가장 짧은 시간 안에 데모를 준비해서 보여줄 수 있는가?

당신 외에는 이를 할 수 있는 사람이 없다고 믿으면서, 결국 자신의 컴퓨터를 통합 서버로 사용하기로 하고, 모두에게 15분 내로 당신의 브랜치에 코드를 합쳐 merge 달라고 한다.

코드를 통합하자, 더 많은 문제가 나타나기 시작했다. 핵심 클래스에 있던 인터페이스가 바뀌고, 설정 파일은 수정되었다. 예전 시스템에 있는 파일들은 리팩터링되어 어디 있는지도 확실하지 않다. 한 번에 여러 사람의 코드를 빠르게 통합하는 일은 점점 악몽 같은 작업으로 변해갔다.

충분히 시간을 주지 않은 임원을 속으로 욕하면서, 코드를 통합할 때 방해가 되는 것은 주석을 달아 빼버리라고 팀원들에게 요구했다.

5분 정도 지나고 나니, 희미한 희망의 불빛이 보이기 시작했다. 컴파일이 된 것이다!

하지만 곧 다시 재앙이 닥쳤다. 투자자가 5분 일찍 도착한 것이다. 테스트를 해볼 시간이 없다.

행운의 여신이 당신 편이길 빌면서, 소프트웨어를 배치하고, 데모를 위해 애플리케이션을 실행시켰는데…… 충돌이 생기더니 더 이상 작동이 되지 않는다! 재빨리 문제를 고치고 다시 애플리케이션을 실행시켰더니 드디어 화려한 스크린이 보인다. 하지만 그것도 잠시, 바로 다시 작동이 멈춰버렸다.

데모가 예상했던 대로 흘러가지 않자 식은땀이 흐르기 시작했다. 보다 못한 임원이 모형mock ups을 대신 보여줄 수 있느냐고 묻는다.

시나리오 2: 자연스런 출시 준비

데모를 하기까지 한 시간 정도가 남았다. 당신은 팀원들에게 곧 데모가 있을 거라고 알려주면서, 지금 하고 있는 작업을 마무리 지어 체크인을 해주면 고맙겠다고 한다.

팀원들의 작업이 모두 저장된 후에, 당신은 가장 최신 버전의 코드를 확인하고, 테스트를 모두 실행해본다. 이렇게 모든 기능이 잘 작동하는지 직접 확인한 후에야 테스트 서버에 올린다. 이런 프로세스는 모두 자동화되었기 때문에 5분밖에 걸리지 않았다.

투자자들이 예정보다 일찍 도착했지만, 데모는 아무 문제없이 멋지게 진행되었다. 짧은 통지에도 불구하고 멋진 프레젠테이션을 해 준 당신에게 임원이 너무 고맙다고 해온다. 그러면서 당신이 그토록 갖고 싶어 하던 것을 손에 쥐어주는 게 아닌가! 바로 최고위 임원 전용 화장실 열쇠…!

하하, 농담이다. 아마도 화장실 열쇠를 원하지는 않을 테지. 하지만 내가 무슨 말을 하려는지 감은 잡았을 것이다.

데모를 준비하고 출시할 코드를 서버에 올리는 작업은 스트레스 받거나, 노심초사해야 할 커다란 이벤트가 되어서는 안 된다.

소프트웨어를 개발, 통합하고 배치하는 과정이 특별나지 않아야 한다. 그러기 위해서는 코드를 매끄럽고 지속적으로 통합하는 프로세스와 항상 출시에 대비하는 문화가 필요하다.

15.2 출시에 항시 대비하는 문화

익스트림 프로그래밍에 '출시 준비는 프로젝트 첫째 날부터 시작된다'는 말이 있다. 첫째 날 코드 한 줄을 쓸 때부터 프로젝트를 곧 출시할 것처럼 작업하고, 운영 중인 시스템에 조금 변화를 주는 일을 한다고 생각해야 한다.

코드를 바라보는 관점이 근본적으로 다르지 않은가? 코드를 출시하고 배치하는 작업이 먼 미래에 일어날 엄청난 이벤트라고 생각하는 대신, 모든 팀원이 오늘 출시를 할 수도 있다고 생각하고 행동하니 말이다.

애자일을 하는 사람들은 코드를 언제든 출시할 수 있도록 하는 문화를 선호한다. 소프트웨어가 개발 중인 기간보다 제품인 상태로 더 오래 있다는 사실을 알려주기 때문이기도 하고, 팀원들이 이미 출시 준비가 된 시스템을 조금 변경하고 있다는 생각을 하도록 하기 때문이다.

하지만 이런 팀 문화를 유지하는 일이 거저 얻어지지는 않는다. 엄청난 훈련이 필요할 뿐 아니라 일정이 중요하다는 명목으로 출시할 코드의 품질에 대한 투자를 차일피일 제쳐 두고픈 유혹도 있기 때문이다.

그렇지만 이런 노력을 일찍부터 한다면, 코드를 쉽게 배치하고 자신 있게 정기적으로 시스템을 변화시킬 수 있기 때문에 고객의 요구에 경쟁자들보다 빨리 대응할 수 있을 것이다.

이토록 이상적인 상황에 다다를 수 있도록 우리를 도와주는 것이 바로 '지속적인 통합'이다.

15.3 지속적인 통합이란 무엇인가?

지속적인 통합이란 개발자가 지속적으로 소프트웨어를 변경하고, 이 변경사항들을 계속해서 통합하는 활동을 말한다.

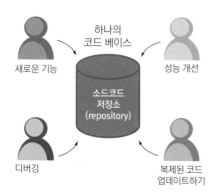

이는 마치 책을 쓰는 과정과 비슷하다고 할 수 있는데, 당신과 또 한 명의 공동 저자가 함께 하나의 장chapter을 쓴다고 가정해보자. 자신이 쓴 글과 다른 사람의 글을 합쳐야만 한다. 간단한 문장 몇 개만을 통합하는 과정은 그리 힘들지 않다.

갈색 여우는 게으른 개를 훌쩍 뛰어 넘어버렸다.

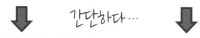 간단하다…

갈색 여우는 게으른 검정 개를 훌쩍 뛰어 넘어버렸다.

문제는 오랜 기간 동안 이런 변경사항을 통합하지 않았을 때 생긴다.

갈색 여우는 게으른 강아지를 훌쩍 뛰어 넘어버렸다. 그런데 그때 그 개가 깜짝 놀랄만한 일을 하는 게 아닌가! 초콜릿 칩 쿠키를 구어 와서는 길을 지나가는 행인들에게 쿠키를 하나씩 나누어 준 것이다. 물론 이를 목격한 고양이들은, 화가 나서, 개의 친선 초콜릿 칩 쿠키 캠페인에 대항하는 초콜릿 치즈 케이크 캠페인을 벌이기로 결정했다.

⬇ 일곱 가지 다른 점을 찾을 수 있는가? ⬇

갈색 여우는 게으른 강아지를 훌쩍 뛰어 넘어버렸다. 그런데 그때 그 개가 깜짝 놀랄만한 일을 하는 게 아닌가! 초콜릿 칩 머핀을 구어 와서는 큰가로수 길을 지나가는 행인들에게 머핀을 하나씩 나누어 준 것이다. 물론, 이를 목격한 고양이들은, 화가 나서 개의 친선 머핀 캠페인에 대항하는 바닐라 치즈 케이크 캠페인을 벌이기로 결정했다.

소프트웨어를 개발하는 것도 이와 같다. 팀원들이 변경한 코드를 오랫동안 통합하지 않으면, 막상 통합을 하려고 할 때 합치는 것이 무척 어려워진다.

그럼, 실제로 해보자.

예전에 매우 성능 좋은 기록/재생 테스트 자동화 도구를 가진 프로젝트에서 일했던 적이 있다. 이 도구는 성능이 매우 뛰어나서 모든 팀원이 자신의 테스트를 기록할 때 사용하기 시작했다. 그런데 그렇게 되자 더 빠르고 기본이 되는 단위 테스트는 쓰지 않게 되었다.

한동안은 아무 문제도 없었다. 그런데 더 많은 기록/재생 테스트가 쌓이게 되자, 자동화된 빌드를 만드는 데 걸리는 시간이 꽤 빠르다고 여겨졌던 10여 분에서 3시간으로 늘어나게 되었다.

이는 프로젝트에 아주 치명적이었다. 팀원들은 빌드를 실행하지 않게 되었고, 자신이 하던 작업을 덜 체크인 하게 되어, 빌드에 문제가 생기는 일이 이제 당연한 상황이 되어버렸다.

여러분은 이처럼 빌드를 생성하는 데 오랜 시간이 걸리는 사태를 초래하지 않길 바란다. 빌드를 생성할 때 걸리는 시간을 항상 확인하도록 하자. 10분 이내가 대략 좋은 기준이라고 할 수 있지만, 작은 프로젝트는 보통 5분 이내를 기준으로 한다.

15.4 어떻게 작동하는 거지?

지속적인 통합 시스템을 하기 위한 환경을 구축하려면 다음과 같은 사항이 필요하다.

- 소스코드 저장소repository
- 체크인 프로세스
- 자동화된 빌드
- 작은 단위로 일하려는 마음가짐

소스코드 저장소는 여러분의 소프트웨어를 버전 별로 저장하고, 개발팀이 코드를 '체크'하는 곳이다. 이곳이 여러분의 프로젝트가 통합되고 전체 코드의 사본이 유지되는 장소다. Git과 서브버전Subversion 같은 오픈 소스 저장소가 바로 이런 곳에 자주 사용된다.

무엇보다 비관적 잠금pessimistic locking (한 번에 오직 한 명의 개발자만 파일 작업을 할 수 있는 것)을 피하도록 해야 한다. 비관적 잠금은 개발자들이 작업하기에 불편하고, 팀의 속도를 떨어뜨리며, 팀원으로 하여금 코드 베이스에 대한 집단적 소유의식을 갖기 어렵게 만들기 때문이다.

좋은 체크인 프로세스는 이보다 훨씬 흥미롭다. 그럼 전형적인 애자일 팀에서는 어떻게 체크인을 하는지 알아보자.

15.5 체크인 프로세스 수립하기

애자일 팀에서 일하는 개발자라면 전형적인 체크인 프로세스가 아마 다음과 같을 것이다.

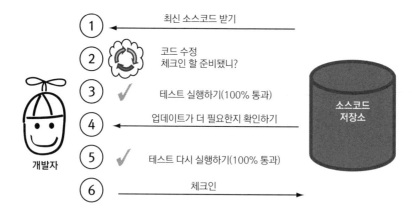

1. 저장소에서 최신 소스코드 받기

새로운 작업을 시작하기 전에는 반드시 저장소에서 가장 최신의 코드를 받아야 한다. 그래야만 최신 빌드의 상태를 확인하고 깨끗한 코드로 작업을 시작할 수 있다.

2. 코드 수정

이제 여러분 차례다. 새로운 기능 추가하기, 디버깅 혹은 그밖에 해야 할 일을 하면 된다.

3. 테스트 실행하기

테스트를 실행해서 변경 후에도 여전히 모든 테스트를 통과하는지 보고, 변경으로 인해 코드 베이스의 다른 부분에 문제가 생기지 않았는지 확인한다.

4. 업데이트가 더 필요한지 확인하기

여러분이 한 작업이 잘 작동한다는 자신이 생겼다면, 이제 저장소에서 다시 업데이트를 받는다. 혹시나 여러분이 작업을 하는 동안 다른 팀원들이 한 작업이 저장소에 통합되었을지도 모르니 말이다.

5. 테스트 다시 실행하기

업데이트를 다시 한 후에는, 여러분의 코드가 나중에 다른 팀원이 만든 코드와 잘 어울려 작동하는지 확인하기 위해 다시 한 번 테스트를 실행한다.

6. 체크인

모든 시스템이 잘 작동되고 빌드도 만들 수 있다. 테스트도 모두 실행되고, 다시 갖고 온 코드가 최종 코드다. 이젠 체크인을 해도 안전하다.

빌드를 깨지 않기 위해 해야할 것과 하지 말아야 할 것 몇 가지를 덧붙여 보겠다.

해야 할 것

업데이트가 더 필요한지
확인하기

모든 테스트를 다 실행하기

정기적으로 체크인하기

최우선으로 문제가 있는
빌드 고치기

하지 말아야 할 것

빌드에 문제 일으키기

문제가 있는 빌드에
체크인 하기

실패한 단위 테스트
비활성화시키기
(comment out)

결국 이 모든 과정은 빌드가 항상 잘 작동하도록 보장하며, 문제가 생겼을 때 팀원들이 서로 도와 이를 해결해 가면서 빌드가 깨지지 않도록 하기 위한 것이다.

15.6 자동화된 빌드 만들기

다음 단계는 자동화된 빌드를 만드는 것이다. 자동화된 빌드는 지속적인 통합을 지탱하는 뼈대와 같다.

잘 자동화된 빌드는 코드를 컴파일하고, 테스트를 실행하며, 프로젝트 빌드 프로세스에서 정기적으로 필요한, 기본적인 사항들을 처리한다.

개발자들은 자동화된 빌드를 TDD 생명주기의 한 과정으로 여겨 항상 사용한다. 빌드 에이전트(예를 들면, 크루즈 컨트롤cruise Control)[1]는 소스 저장소에 변화가 있다는 것을 감지할 때마다 자동화된 빌드를 실행한다.

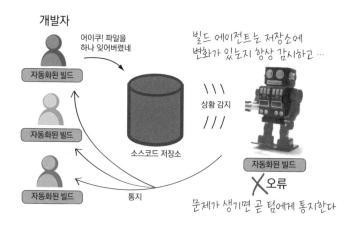

또한 자동화된 빌드는 소프트웨어를 자동으로 배치할 수 있어서, 배치를 하는 과정에 일어날 수 있는 여러 가지 사람의 실수human error를 없애준다.

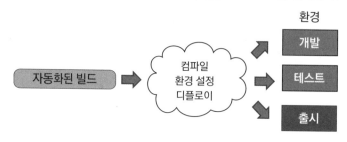

---

1 옮긴이 최근엔 허드슨(Husdon)이나 젠킨스(Jenkins) 같은 오픈 소스 도구가 많이 사용되고 있다.

빌드의 핵심은 자동화라고 할 수 있다. 사람이 적게 개입될수록 더 좋다. 또한 모든 팀원이 하루에도 몇 번씩, 항상 실행해야 하기 때문에 빌드는 빨라야 한다(10분 미만으로 유지하는 것이 좋다).

대부분의 현대 언어는 자동화된 빌드 프레임워크를 가지고 있다(자바의 Ant, .Net의 NAnt나 MS-Build, Rails의 Rake). 만약 여러분이 사용하는 언어에 제공되는 것이 없다면, DOS bat 파일이나 Unix scripts를 사용해 여러분만의 프레임워크를 만들 수도 있다.

하지만 아무리 좋은 체크인 프로세스와 자동화된 빌드가 있다고 하더라도, 정말 중요한 것은 바로 작은 단위로 작업하려는 마음가짐이다.

15.7 작은 단위로 나누어 일하기

마치 TDD로 테스트 할 때처럼, 코드를 통합하는 일도 작은 단위로 하는 것이 훨씬 쉽다.

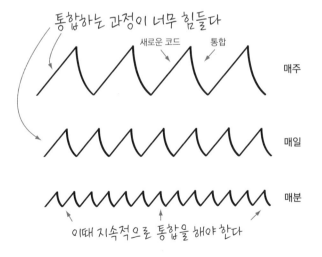

며칠 혹은 몇 주 동안이라는 긴 시간 동안 자신들이 한 작업을 통합하지 않는 팀들이 너무나 많다. 코드는 10분이나 15분에 한 번씩은 통합해 주어야 한다(최소한 한 시간에 한 번).

하지만 그렇게 자주 체크인하지 못한다고, 스트레스를 받을 필요는 없다. 더 자주 체크인 할수록 더 쉬워진다고만 이해하면 된다. 그러니 되도록 일찍 그리고 자주 코드를 합쳐서 대규모 통합으로 생기는 고통을 피해야 한다.

어디서 더 배울 수 있나요?

지속적인 통합은 이제 너무나 보편화된 실천법이기 때문에 아마 웬만한 정보는 인터넷에서 찾아볼 수 있을 것이다.

위키피디아에 이 실천법이 잘 요약되어 있고,[2] 가장 처음으로 지속적인 통합에 대해 쓴 기사 중 하나인 마틴 파울러의 글 또한 그의 웹사이트에서 찾아볼 수 있다.[3]

마스터 선생과 열정적인 전사

제자: 스승님, 첫 이터레이션 기간 동안 모든 작업을 출시할 수 있도록 준비할 수 없다는 건 자명한 일입니다. 스승님이 진정 하고자 하시는 말씀이 무엇인지요?

스승: 언제든 출시할 수 있는 소프트웨어를 준비하자는 '태도'가 바로 내가 진정 하고자 하는 말이란다. 네가 출시할 준비가 된 코드를 작성한다면, 오늘 네 소프트웨어를 테스트도 하고 통합도 할 것이다. 버그를 발견하면 즉시 고쳐야지, 카펫 밑에 숨겨 놓고 언젠가 고치겠다는 태도는 버리라는 말이다. 네가 개발하고 있는 소프트웨어가 내일이 아닌 오늘 반드시 잘 작동해야 한다는 태도를 가져야 한다.

물론 정말 작고 소소한 작업까지는 다 못할 수도 있고, 기능이 더 추가될 때까지 배치를 하지 않을 수도 있겠지. 하지만 코드를 배치할 수 있는 선택의 여지를 가지는 것, 네 소프트웨어가 제대로 작동하는지 알려고 한다는 것은 그 소프트웨어가 대부분 출시된 상태로 유지된다는 걸 입증하기 위해서다(개발 과정이 아니라). 이는 또한 팀원들로 하여금 자신들이 하는 작업이 출시된 시스템을 조금씩 변경한다는 생각에 익숙해지도록 해 줄 것이다.

제자: 만약 제 프로젝트가 거대한 시스템의 한 부분만을 책임지기 때문에 전체 시스템에 대한 빌드를 할 수 없다면 어떻게 하죠?

---

2 http://en.wikipedia.org/wiki/Continuous_integration
3 http://martinfowler.com/articles/continuousIntegration.html

스승: 네가 할 수 있는 것만 빌드하고, 테스트, 배치하면 된다. 언젠가는 네 코드를 다른 것과 통합해야 할 테니 말이다. 수정이 필요한 부분을 변경할 수 있도록 할 수 있을 때 최선을 다해 준비해 놓거라. 하지만 네가 그저 한 부분만을 맡았다는 생각에 빌드를 자동화하지 않거나 지속적으로 통합하지 않는 일은 없도록 해야 할 것이다.

친구여, 이게 전부다!

자, 이제 여러분에게 내가 가진 것을 다 보여주었다. 대단원의 막을 내리면서 '꼭 필요한 애자일 소프트웨어 엔지니어링 실천법'을 되돌아보자면 다음과 같다.

- 단위 테스트 – 내가 작업한 코드가 잘 작동하는지 확인하기 위해서 하는 실천법
- 리팩터링 – 단순하고, 깔끔하며 읽기 쉽게 코드를 유지하는 실천법
- 테스트 주도 개발TDD – 설계와 복잡함을 다루기 위한 실천법
- 지속적인 통합 – 정기적으로 코드를 통합해 언제든 출시 준비 상태로 유지하는 실천법

이런 실천법이 실행되지 않는다면, 애자일 프로젝트는 잘 운영되지 않을 뿐 아니라 코딩하고 수정하는 과정만 반복하는 옛날 운영 방식으로 금세 되돌아가게 될 것이다.

15.8 이제부터 어떻게 하죠?

축하한다! 여러분은 이제 자신만의 애자일 프로젝트를 시작, 계획, 실행하는 지식과 노하우로 무장한 위험한 존재가 되었다.

이제 무엇을 할지는 전적으로 여러분에게 달렸다.

새로운 프로젝트를 시작한다면, 아마 인셉션 덱부터 시작하길 원할 것이다(3장 「모두 한 버스에 타는 법」 34쪽). 모두 한 차에 태워 프로젝트 초기에 적절한 질문을 함으로써, 원래 가고자 하던 목적지로 가자.

혹시 이미 프로젝트가 중간쯤 진행된 상태라면(게다가 프로젝트 계획이 분명히 잘못되었다면), 스토리 수집 워크숍을 진행해서 다시 프로젝트를 조절해야 할 것이다

(6.4장 '스토리 수집 워크숍 진행 방법' 95쪽). 이 워크숍에서 가장 중요한 스토리를 몇 개 골라 매주 몇 개나 인도할 수 있는지 확인해보자. 그런 후 이것에 기반해 새로운 계획을 짜면 된다.

혹시 엔지니어링 분야 때문에 골치가 아프다면, 몇 가지 엔지니어링 실천법으로 시작해보자. 테스트를 간과하지 않았는지 기술적 부채는 정기적으로 갚아나가고 있는지 확실히 하면서.

애자일 프로젝트로 안내해 줄 '지도' 같은 건 없다. 여러분 스스로 여러분의 팀과 프로젝트에 맞는 최고의 방법이 무엇인지 알아내야 한다. 하지만 여러분이 사용할 수 있는 도구가 얼마든지 있다는 것을 기억하기 바란다. 아마도 여러분은 이미 자신이 무엇을 해야 할지 알고 있을 것이다.

자, 이제 무엇이 문제인가?

이제 문을 박차고 나가 직접 부딪혀보자!

마지막으로...

그건 모두 선택이다.

높은 품질의 소프트웨어를 생산하려는 것을 막을 사람은 아무도 없다. 고객에게 프로젝트의 현재 상황은 어떤지, 무엇이 필요한지 숨김없이 정직하게 말하는 것을 막을 사람도 없다.

이렇게 일하는 게 쉽다는 게 아니니 오해하진 말아라. 애자일로 일하는 것이 어렵다는 것을 증명할 역사가 십여 년은 족히 있으니 말이다. 하지만 결국 여러분이 어떻게 일할지, 만든 제품의 품질이 어떨지는 다른 누구도 아닌 여러분의 선택에 달려있다.

누구를 설득하려고 하지 말자.

다른 사람들에게 그들이 무슨 일을 해야 한다고도 말하지 말자.

그 대신, 행동을 보여주자. 다른 사람들이 항상 보고 있지는 않겠지만, 그저 여러분이 해야 할 일을 해나가는 것이다.

오, 깜빡 잊을 뻔했군. 마지막으로 한 가지만 더……

애자일화^{being agile} 되었는지 걱정하지 마라

처음으로 애자일을 시도하는 팀으로부터 다음과 같은 질문을 무척 많이 듣는다. "이제 충분한가요? 이제 우리도 애자일로 일하고 있는 게 맞나요?"

충분히 할 수 있는 질문이다. 무엇이든 처음으로 시도하면, 과연 내가 잘하고 있는 건지 책에서 배운 대로 하고 있는지 궁금하기 마련이다.

그건 좋다. 다만 이 책은 물론이고, 다른 어떤 책도 그 질문에 대답해 줄 수는 없을 것이다. 나 뿐 아니라 다른 누구도 과연 여러분이 애자일로 일하고 있는지 확인할 수 있는 체크리스트를 만들어 줄 수는 없다.

애자일은 여행의 과정이지 목적지가 아니다. 어딘가에 도착하려고 애자일을 사용하는 게 아니라는 뜻이다.

'애자일화 되는 것'이 목적이 아니라 훌륭한 제품을 개발해서 고객에게 최상의 서비스를 제공하는 것이 목적이라는 것을 꼭 기억하도록 하자.

내가 할 수 있는 유일한 말은, 다 잘 하고 있고 모든 것을 다 알았다는 생각이 들 때 여러분은 더 이상 애자일을 하고 있지 않다는 것이다.

그러니 실천법에 너무 목매지 말자. 이 책에서 적용할 수 있을 만한 것만 뽑아서 여러분만의 특별한 상황과 맥락에 적합하게 적용하기 바란다. 그러다가도 여러분이 과연 애자일을 잘 실천하고 있는지 궁금해진다면, 다음과 같은 두 가지 질문을 스스로에게 해보자.

- 우리는 매주 가치 있는 것을 고객에게 인도하는가?
- 우리는 계속 발전하기 위해 노력하고 있는가?

만약 이 질문에 '네'라고 대답할 수 있다면, 여러분은 애자일을 하고 있는 것이다.

Part. VI

부록

애자일 원칙

A.1 애자일 선언^{Agile Manifesto}

우리는 직접 소프트웨어를 개발하면서, 또 남이 개발하는 것을 도와주면서 더 나은 소프트웨어 개발 방법을 발견하고자 한다. 이 과정에서 우리는 다음을 가치 있게 여기게 되었다.

프로세스와 도구보다 개인과 상호작용을
포괄적인 문서보다 제대로 작동하는 소프트웨어를
계약 협상보다 고객과의 협력을
계획에 따르기보다 변화에 대한 대응을 말이다.

이 말은 전자에 있는 항목에도 가치가 있으나, 우리는 후자에 더 가치를 둔다는 뜻이다.

A.2 애자일의 12가지 원칙

1. 우리가 가장 우선시하는 것은 신속하고 지속적으로 가치 있는 소프트웨어를 고객에게 전달함으로써 고객 만족을 이루는 일이다.
2. 뒤늦게 요구사항이 바뀌더라도 즐겁게 받아들여라. 애자일 프로세스는 고객이 경쟁에서 우위에 서도록 변화를 활용한다.
3. 작동하는 소프트웨어를 몇 주 혹은 몇 달마다 고객에게 전달하라. 주기는 짧을수록 좋다.

4. 프로젝트 기간 동안 업무 전문가들^{business people}과 개발자들은 매일 함께 일해야 한다.

5. 의욕이 가득한 사람으로 팀을 구성하라. 그들에게 필요한 환경과 지원을 아낌없이 하고 난 후에는 이들이 맡은 바 일을 완성할 것이라고 믿어라.

6. 개발 팀 내의 누구에게든 가장 정확하고 효과적으로 정보를 전달하는 방법은 그 사람과 직접 대면하면서 이야기하는 것이다.

7. 작동하는 소프트웨어는 프로젝트의 진척을 알 수 있는 주된 척도다.

8. 애자일 프로세스는 지속가능한 개발^{sustainable development}을 장려한다. 후원자나 개발자, 사용자들은 언제까지고 일정한 보폭을 유지할 수 있어야 한다.

9. 탁월한 기술력과 훌륭한 설계에 끊임없이 주목하는 것이 기민함을 향상시킨다.

10. 단순함, 하지 않아도 되는 일은 최대한 안 하게 하는 기교, 이것이 핵심이다.

11. 최고의 아키텍처나 요구사항, 디자인은 자기조직화된^{self-organizing} 팀에서 나온다.

12. 팀은 정기적으로 더욱 효과적으로 일할 수 있는 방법을 숙고하고, 그에 따라 행동을 조율하고 조정한다.

리소스

애자일에 대해 더 알고 싶어 하는 독자를 위해 이미 훌륭한 뉴스 그룹, 리소스 등
과 같은 다양한 매체가 존재한다. 애자일로 소프트웨어 인도하기와 그 방법에 대
해 더 깊이 알아보기에 좋은 사이트들을 아래에 소개해 보았다.[1]

- http://tech.groups.yahoo.com/group/extremeprogramming
- http://groups.yahoo.com/group/scrumdevelopment
- http://tech.groups.yahoo.com/group/leanagile
- http://finance.groups.yahoo.com/group/kanbandev
- http://tech.groups.yahoo.com/group/agile-testing
- http://tech.groups.yahoo.com/group/agile-usability
- http://finance.groups.yahoo.com/group/agileprojectmanagement

---

1 옮긴이 국내엔 아래 구글 그룹에서 활발한 토론이 이루어지고 있다.
http://groups.google.com/group/xper?hl=en (엑스퍼 구글 그룹 링크)
http://groups.google.com/group/abqna?hl=en (애자일 비기너 그룹 링크)

부록 C   참고문헌

[Bec00]   Kent Beck. *Extreme Programming Explained: Embrace Change.*
           Addison-Wesley, Reading, MA, 2000.

[Bec02]   Kent Beck. *Test-Driven Development: By Example.* Addison-Wesley,
           Reading, MA, 2002.

[Blo01]   Michael Bloomberg. *Bloomberg by Bloomberg.* John Wiley&Sons,
           Hoboken, NJ, 2001.

[Car90]   Dale Carnegie. *How to Win Friends and Influence People.* Pocket,
           New York, 1990.

[DCH03]   Mark Denne and Jane Cleland-Huang. *Software by Numbers: Low-
           Risk, High-Return Development.* Prentice Hall, Englewood Cliffs, NJ,
           2003.

[DL06]   Esther Derby and Diana Larsen. *Agile Retrospectives: Making Good
           Teams Great.* The Pragmatic Programmers, LLC, Raleigh, NC, and
           Dallas, TX, 2006.

[Eva03]   Eric Evans. *Domain-Driven Design: Tackling Complexity in the
           Heart of Software.* Addison-Wesley Professional, Reading, MA, first
           edition, 2003.

[FBB+99]   Martin Fowler, Kent Beck, John Brant, William Opdyke, and Don
           Roberts. *Refactoring: Improving the Design of Existing Code.*
           Addison Wesley Longman, Reading, MA, 1999.

[Fea04]   Michael Feathers. *Working Effectively with Legacy Code.* Prentice
           Hall, Englewood Cliffs, NJ, 2004.

[GC09]   Lisa Gregory and Janet Crispin. *Agile Testing: A Practical Guide for Testers and Agile Teams*. Addison-Wesley, Reading, MA, 2009.

[HH07]   Dan Heath and Chip Heath. *Made to Stick: Why Some Ideas Survive and Others Die*. Random House, New York, 2007.

[HT03]   Andrew Hunt and David Thomas. *Pragmatic Unit Testing in Java with JUnit*. The Pragmatic Programmers, LLC, Raleigh, NC, and Dallas, TX, 2003.

[HT04]   Andrew Hunt and David Thomas. *Pragmatic Unit Testing in C# with NUnit*. The Pragmatic Programmers, LLC, Raleigh, NC, and Dallas, TX, 2004.

[Joh98]   Spencer Johnson. *Who Moved My Cheese? An Amazing Way to Deal with Change in Your Work and in Your Life*. Putnam Adult, New York, 1998.

[Lik04]   Jeffrey Liker. *The Toyota Way*. McGraw Hill, New York, 2004.

[McC06]   Steve McConnell. *Software Estimation: Demystifying the Black Art*. Microsoft Press, Redmond, WA, 2006.

[Moo91]   Geoffrey A. Moore. *Crossing the Chasm*. Harper Business, New York, 1991.

[Sch03]   David Schmaltz. *The Blind Men and the Elephant*. Berrett-Koehler, San Francisco, 2003.

[SD09]   Rachel Sedley and Liz Davies. *Agile Coaching*. The Pragmatic Programmers, LLC, Raleigh, NC, and Dallas, TX, 2009.

[Sur05]   James Surowiecki. *The Wisdom of Crowds*. Anchor, New York, 2005.

찾아보기